Foundations of Elastoplasticity

基礎から学ぶ
弾塑性力学

荒井 正行 [著]

森北出版

まえがき

　機械設計において，部材に生じる応力が降伏応力に比べて十分に低くなるよう材料や部品の形状が決定される．しかし，最近では，応力の評価精度が格段に良くなったこと，破壊現象がかなり理解されるようになったことから，降伏応力を超えるような応力，さらにはき裂の発生も許容するような設計（極限設計，損傷許容設計）がなされるようになってきている．これにより，安全で軽量な機械構造物を実現するとともに，寿命に至るまでのライフサイクルを事前に予測し，管理できるようになった．したがって，機械設計に果たす材料力学，弾性力学，そして弾塑性力学の役割はこれまで以上に大きく，かつますます重要になっている．

　著者は，「基礎から学ぶ弾性力学」を著し，降伏応力を超えない弾性状態のもとで複雑な形状の部品に生じる応力分布を求める方法について詳述した．本書では，弾性状態からさらに部材が過大な荷重を受けて永久に変形が戻らない塑性状態におかれたとき，部材に生じる応力と変形をどのように求めたらよいのか，を解説する．塑性は，弾性のようなフックの法則，重ね合せの原理が成り立たない非線形な現象である．このため，コンピュータを利用して数値解析により応力を求めなければならない．よって，本書では数値解析手法の代表的なものである有限要素法についても解説している．さらに工学上重要な問題として，応力集中問題，接触問題，構造物の弾塑性問題についても紹介するとともに，設計上これらの問題にどのように対処したらよいのかを説明していく．

　これまでの弾塑性力学に関する教科書は，主にその学びの先が塑性加工につながるよう記述されているものがほとんどであった．これに対して，本書は，最近の機械設計法につながるよう配慮した．前書と本書を通じて材料力学，弾性力学，弾塑性力学を順次学んでいくことで，最新の機械設計法の基礎を身につけてもらいたい．

　2022 年 3 月

著　者

目　次

応力とひずみ

材料力学や弾性力学では,棒やはり,任意形状の物体の力学的な性質として弾性を仮定してきた.しかし実際には,これらの物体が大きな外力を受けると弾性から塑性へとその性質が変化するため,弾塑性力学では,このような性質と力学的な扱いについて学ぶ.本章では,まずは材料力学で学んだ応力とひずみの定義について振り返るとともに,大きな負荷を受けたときに材料が示す応力とひずみの関係(応力–ひずみ曲線)を示す.また,応力–ひずみ曲線をどのように数式表示(構成式)するのかについても説明する.

1.1 応力とひずみの定義

図 1.1 に示すような長さが l_0,断面積が A_0 の一様断面の棒について考える.この棒が引張荷重 P を受けることで,長さが l,断面積が A にそれぞれ変化したとする.

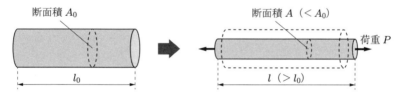

図 1.1 引張荷重を受けて伸びる棒

材料力学や弾性力学では,棒に生じる垂直応力と垂直ひずみは,荷重が作用していないときの棒の形状を基準に定義した.すなわち,垂直応力 σ_n は

$$\sigma_n = \frac{P}{A_0} \tag{1.1}$$

で,垂直ひずみ ε_n は

$$\varepsilon_n = \frac{l - l_0}{l_0} \tag{1.2}$$

で定義される.ここで,垂直応力,垂直ひずみともに分母は荷重が作用する前の元断面積 A_0,元長さ l_0 である.

　実際には，荷重が作用することで，棒の断面積は A_0 から A に変化するから，棒に生じる垂直応力を計算するときは，そのときの断面積 A を用いなければならない．よって，

$$\sigma_t = \frac{P}{A} \tag{1.3}$$

となる．このように定義された垂直応力 σ_t は**真応力**（true stress）とよばれる．これと区別するために，式 (1.1) の垂直応力 σ_n は**公称応力**（nominal stress）とよばれる．

　一方，荷重が作用することで長さ l の棒が微小量 Δl だけ伸びたとすると，垂直ひずみは

$$\Delta \varepsilon_t = \frac{\Delta l}{l}$$

だけ変化する．すると，棒の長さが l に伸びるまでに生じる垂直ひずみは

$$\varepsilon_t = \int_{l_0}^{l} \Delta \varepsilon_t = \int_{l_0}^{l} \frac{\Delta l}{l} = \ln \frac{l}{l_0} \tag{1.4}$$

となる．この垂直ひずみ ε_t は**真ひずみ**（true strain）あるいは**対数ひずみ**（logarithmic strain）とよばれる．これと区別して，式 (1.2) の垂直ひずみ ε_n は**公称ひずみ**（nominal strain）とよばれる．なお，真ひずみと公称ひずみの間には次式が成り立つ．

$$\varepsilon_t = \ln(1 + \varepsilon_n)$$

1.2　材料の弾塑性変形挙動

▶1.2.1　公称応力 – 公称ひずみ曲線と変形の様子

　引張試験により計測された荷重 P と伸び δ から，縦軸に公称応力，横軸に公称ひずみをプロットしたグラフは，**公称応力 – 公称ひずみ曲線（線図）**（nominal stress-nominal stress curve (diagram)）とよばれる．図 1.2 (a) に同曲線の模式図を示す．

　図において，公称ひずみの増加とともに公称応力は線形に増加していく．そして，点 Y でこの比例関係が成り立たなくなる．この点は**降伏点**（yield point）とよばれる．降伏点に公称応力が達するまでは，荷重を取り除く（除荷）と棒の長さは完全に元長さに戻る．この性質は**弾性**（elastic）とよばれる．なお，公称応力 – 公称ひずみ曲線において降伏点は不明瞭であるのが一般的である．このため，荷重を取り除いた後に棒に 0.2% の垂直ひずみが残留するときの公称応力を**降伏応力**（yield stress）とし，通常，記号 $\sigma_{0.2}$ で表される．これは**耐力**（proof stress）ともよばれる．公称応力が降伏点を超えると，公称ひずみの増加とともにゆるやかに増加するようになり，公称応力

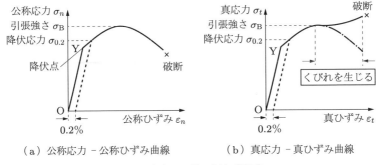

（a）公称応力 – 公称ひずみ曲線　　　　（b）真応力 – 真ひずみ曲線

図 1.2　応力 – ひずみ曲線（線図）

が最大の値に達する．その後，公称応力は公称ひずみとともに低下し，試験片が破断する．公称応力の最大値は**引張強さ**（tensile strength）とよばれ，通常，記号 σ_B で表される．

　ここで，試験片の形状が引張荷重とともにどのように変化するのかをみてみよう．図 1.3 にその様子を模式的に示す．引張荷重を増加させていくと，試験片は一様に伸びる．公称応力 – 公称ひずみ曲線において点 Y に達すると，試験片には引張荷重方向に対して斜め 45° に**すべり線**（slip line）が発生する．すべり線に沿って上下の材料は図のように相互に滑る．このため，引張強さに達した後，さらなる引張荷重の増加によりすべり線が交差する箇所で材料が内側に変位し，試験片がくびれる．くびれにより試験片の断面積が減少し，最終的には破断する．

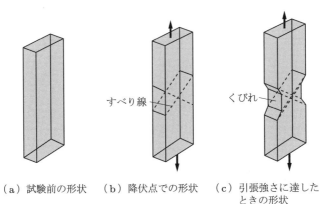

（a）試験前の形状　　（b）降伏点での形状　　（c）引張強さに達した
　　　　　　　　　　　　　　　　　　　　　　　　ときの形状

図 1.3　試験片形状の変化の様子

▶1.2.2 真応力‐真ひずみ曲線

縦軸に真応力，横軸に真ひずみをプロットした真応力‐真ひずみ曲線（線図）をみてみよう．図1.2（b）に同曲線の模式図を実線で示す．一点鎖線は公称応力‐公称ひずみ曲線である．図において，引張強さまでは真応力‐真ひずみ曲線は公称応力‐公称ひずみ曲線にほぼ等しい．しかし，これを超えると，図1.3（c）に示すように試験片に生じたくびれによる断面積の減少により垂直応力は増大することになる．このことから，引張荷重が小さい場合には，公称応力と公称ひずみは，真応力と真ひずみに等しいとみなせる．そこで**本書では，とくに断りがない限り，応力，ひずみは公称応力，公称ひずみとする**．そして，それらの記号は単にσ, εにより表すことにする．

▶1.2.3 負荷と除荷

図1.4に示す（公称）応力‐（公称）ひずみ曲線をさらに詳しくみていくことにしよう．図に示すように，試験片に荷重を作用させていく．このとき，荷重が増加する過程は**負荷**（loading）とよばれる．一方，荷重を取り除いていく過程は**除荷**（unloading）とよばれる．さらに荷重を圧縮側に作用する過程は**負荷**である．このとき，除荷後に残留したひずみは**塑性ひずみ**（plastic strain）とよばれ，その大きさはε_pと書かれる．下添字はplastic（塑性）の頭文字をとっている．また，応力‐ひずみ曲線における負荷から除荷へ反転した点でのひずみは，**全ひずみ**（total strain）とよばれ，その大きさはε_Tと書かれる．下添字はtotal（全）の頭文字をとっている．最後に除荷後に回復したひずみは**弾性ひずみ**（elastic strain）とよばれ，その大きさはε_eと書かれる．下添字はelastic（弾性）の頭文字をとっている．それぞれのひずみの関係はつぎのようになる．

$$\varepsilon_T = \varepsilon_e + \varepsilon_p \tag{1.5}$$

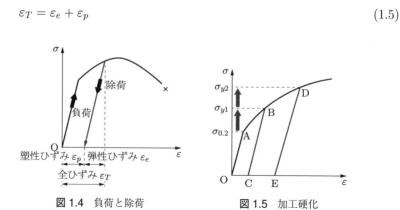

図1.4 負荷と除荷　　　　図1.5 加工硬化

　引き続き，図1.5のように，負荷と除荷を繰り返してみる．点Oから試験片に引張荷重を作用させていくと，点Aで降伏応力 $\sigma_{0.2}$ に達する．さらに点Bまで負荷した後，除荷すると点Cに達してひずみが残留する．ふたたび点Cから負荷すると傾きOAに平行に応力が増加して点Bに達し，応力が緩やかに増加するようになる．ここで，点C → B → Dを点O → A → Bと同様に応力-ひずみ曲線とみなせば，点C → B → Dからみた降伏応力は σ_{y1} となる．これにより，初期の降伏応力 $\sigma_{0.2}$ に比べて高く（強く）なったといえる．点Dに達した後，ふたたび除荷すると点Eまでひずみが残留する．その後，点Eから点Dまで負荷する．点E → Dについても応力-ひずみ曲線とみなせば，このときの降伏応力は σ_{y2} となる．この結果，負荷と除荷を繰り返すことで降伏応力が高くなっているとみなせる．このような現象は**加工硬化**（work hardening）あるいは**ひずみ硬化**（strain hardening）とよばれる．

　つぎに，図1.6において，点Oから降伏応力を超えて点Aに達するまで負荷する．このとき，点Aでの応力を σ_{y1} とする．さらに点Aから応力がゼロになるまで除荷し，そのまま圧縮側に負荷すると σ_{y1} の大きさに比べて小さな応力で降伏することが知られている．この大きさを $|\sigma_{y2}|$ とすれば，$|\sigma_{y2}| < \sigma_{y1}$ であり，これは**バウシンガー効果**（Bauschinger effect）とよばれる．

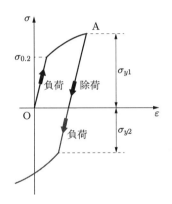

図1.6　引張と圧縮下での応力-ひずみ曲線

1.3　構成式

　図1.2（a）に示した応力-ひずみ曲線から，応力とひずみの関係，すなわち**構成式**（constitutive equation）が定まる．以下にその代表的なものを紹介する．

(1) 弾性体

　降伏応力に比べて応力が低い場合には，以下に示すフックの法則が成り立つ．この物体を**弾性体**（elastic material）という．

$$\sigma = E\varepsilon_e \tag{1.6}$$

ここで，E は縦弾性係数，ε_e は弾性ひずみである．

(2) 弾完全塑性体（図 1.7（a））

　応力が降伏応力に達した後，降伏応力一定のもとで塑性ひずみが増加していく物体を**弾完全塑性体**（elastic-perfect plastic material）といい，次式のように表される．

$$\sigma = \begin{cases} E\varepsilon_e & (0 \leq \sigma < \sigma_y) \\ \sigma_y & (\sigma = \sigma_y) \end{cases} \tag{1.7}$$

ここで，σ_y は降伏応力 $\sigma_{0.2}$ に等しいものとする．

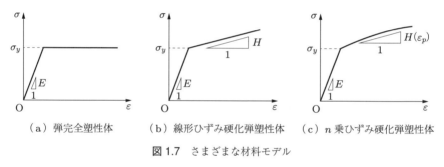

（a）弾完全塑性体　　（b）線形ひずみ硬化弾塑性体　　（c）n 乗ひずみ硬化弾塑性体

図 1.7　さまざまな材料モデル

(3) 線形ひずみ硬化弾塑性体（図 1.7（b））

　応力が降伏応力に達した後，塑性ひずみとともに応力が線形に増加するようひずみ硬化を考慮した物体を**線形ひずみ硬化弾塑性体**（linear strain hardening elastic-plastic material）といい，次式のように表される．

$$\sigma = \begin{cases} E\varepsilon_e & (0 \leq \sigma < \sigma_y) \\ \sigma_y + H\varepsilon_p & (\sigma_y \leq \sigma) \end{cases} \tag{1.8}$$

ここで，H は**ひずみ硬化率**（strain hardening rate）とよばれる材料定数である．

(4) n 乗ひずみ硬化弾塑性体（図 1.7（c））

　応力が降伏応力に達した後，塑性ひずみとともに応力がなめらかに増加するようひずみ硬化を考慮した物体を **n 乗ひずみ硬化弾塑性体**（exponential strain hardening elastic-plastic material）といい，次式のように表される．

$$\sigma = \begin{cases} E\varepsilon_e & (0 \le \sigma < \sigma_y) \\ \sigma_y + H\varepsilon_p^n & (\sigma_y \le \sigma) \end{cases} \tag{1.9}$$

ここで，n は**ひずみ硬化指数**（strain hardening exponent）とよばれる材料定数であり，この場合にひずみ硬化率は $d(H\varepsilon_p^n)/d\varepsilon_p$ である．なお，$n = 1$ ならば式 (1.9) は式 (1.8) に一致する．

つぎのような構成式もよく用いられる．これは，**ランベルグ‐オズグット則**（Ramberg-Osgood law）とよばれる．

$$\varepsilon_T = \frac{\sigma}{E} + K\left(\frac{\sigma}{E}\right)^m \tag{1.10}$$

ここで，ε_T は全ひずみ，K, m は材料定数である．

1.4　塑性の物理

図 1.3 に示したように，応力が降伏応力を超えると，試験片にはすべりが生じる．このすべりは，金属材料を構成している結晶におけるある面（**すべり面**（slip plane））に沿って生じる．このとき，すべりの発生は**転位**（dislocation）とよばれる欠陥が関係している．転位とは，結晶構造において原子が列状に欠損したものであり，結晶のすべりは転位の移動に起因している．よって，結晶のすべりやすさが降伏応力の大きさや加工硬化の生じやすさを決めている．これらは，**結晶塑性学**[†]とよばれる学問で詳しく研究されているから，この分野に関心のある読者はそちらで勉強してほしい．

ここでは，**塑性現象において知られている重要な特徴**を以下に述べておく．

(1) 体積一定則（非圧縮性）

弾性変形する直方体では，荷重が作用する方向に伸び，それと垂直な方向にはポアソン比の分だけ縮み，体積変化 ΔV を生じる．これに対して，塑性変形する直方体では，体積変化 ΔV は生じない．これは**体積一定則**（volume constancy）または**非圧縮性**（incompressibility）とよばれる．

(2) 静水圧の非依存性

静水圧（hydrostatic pressure）は，静止している液体中の物体表面に作用する圧力として知られるが，弾塑性力学では物体に作用する垂直応力成分の平均値として定義される．そして，**静水圧は塑性変形になんら影響を及ぼさない**ことが知られている．

[†]　参考書としてはたとえば下記がある．
渋谷陽二，「塑性の物理―素過程から理解する塑性力学―」，森北出版，2011.
高橋寛，「多結晶塑性論」，コロナ社，1999.

そこで，**偏差応力**（deviatoric stress）

$$\sigma' = \sigma - p \tag{1.11}$$

が定義される．ここで，p は静水圧，σ につくプライム（$'$）は偏差応力であることを表す．偏差応力は，垂直応力成分のうち塑性変形に寄与する応力成分を表している．なお，せん断応力は，物体を滑らせるような変形であることから体積一定則をすでに満足している．よって，せん断応力はすべて塑性変形に寄与する．

演習問題

1.1 体積一定則をひずみ成分 ε_1, ε_2, ε_3 を用いて表せ．ここで，ε_1, ε_2, ε_3 は図 1.8 に示すような直方体における各辺のひずみである．

1.2 図 1.9 に示すように，半径 R の鋼球が水中に深く沈められた．このとき，この鋼球は塑性変形するかを検討せよ．なお，この鋼球には静水圧 p が作用しているものとする．

1.3 断面積が A，長さが l の丸棒に作用する荷重が最大となる条件（**最大荷重条件**）は

$$\frac{d\sigma}{d\varepsilon} = \sigma \tag{1.12}$$

で表されることを示せ．

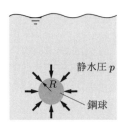

図 1.8　各辺に ε_1, ε_2, ε_3 が作用する直方体

図 1.9　水中に深く沈められた鋼球

● ● ● ● ● ● **パーシー・ブリッジマン**（Percy Williams Bridgman）1882～1961 ● ● ● ●

　　物理学者．ハーバード大学の教授．1905 年から高圧状態におかれたさまざまな材料の物理的，機械的特性を調べ，この分野にその一生涯を捧げた．10 GPa 以上の高圧を発生できる装置を開発し，1946 年にはノーベル賞を受賞した．本章でも紹介した塑性現象の重要な性質である静水圧が塑性変形に影響を及ぼさないことを解明したのもブリッジマンの研究成果のおかげである．これにより物理学者らが塑性変形に関する研究を進め，これらの成果はさらに地球物理学へ展開された．また，現在の半導体産業には欠かせない単結晶を成長させるブリッジマン法とよばれる方法も考案した．

● ●

第2章 単軸応力状態の弾塑性変形

本章では，材料力学で学んだ引張荷重を受ける棒の問題がどのように弾塑性力学へと拡張されるのかをみていく．そのため，単軸応力状態の棒の静定問題と不静定問題を取り上げる．ここでは，**弾完全塑性体**を仮定する．

2.1 棒の静定問題

図 2.1 に示す剛体天井に固定された一様断面の棒について考える．この棒の自由端で鉛直下向きに引張荷重 P が作用するとき，この棒が δ だけ伸びたとする．このとき，この棒の荷重と伸びの関係（荷重 – 伸び線図）を作図してみよう．ここで，棒の長さを l，断面積を A，縦弾性係数を E，降伏応力を σ_y とする．

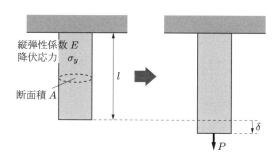

図 2.1 引張荷重を受ける棒

棒には垂直応力

$$\sigma = \frac{P}{A} \tag{2.1}$$

が生じる．この値が降伏応力 σ_y に比べて小さいとき（$\sigma < \sigma_y$），棒に生じる伸びは

$$\delta = \frac{Pl}{AE} \tag{2.2}$$

となる．よって，式 (2.2) から荷重について求めると，つぎのようになる．

$$P = \frac{AE}{l} \delta \tag{2.3}$$

荷重が増加して，垂直応力が降伏応力に達したとき，

$$\sigma = \sigma_y \tag{2.4}$$

である．式 (2.1) に式 (2.4) を代入して荷重を求めると，つぎのようになる．

$$P_U = \sigma_y A \tag{2.5}$$

ここで，P を P_U とおいた．この荷重に達すると棒は際限なく伸び，棒が荷重に耐えられなくなる．このため，P_U は**塑性崩壊荷重**（plastic collapse load, ultimate load）とよばれる．

式 (2.3) と式 (2.5) から荷重 – 伸び線図を作図すると，図 2.2 のようになる．

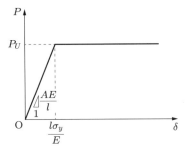

図 2.2　荷重 – 伸び線図

2.2　棒の不静定問題

▶ 2.2.1　2 本の並列棒問題

図 2.3 に示す剛体天井に固定された 2 本の並列棒について考える．これらの棒が並列に剛体ブロックを介して連結されており，この剛体ブロックに鉛直下向きに引張荷重 P が作用して δ だけ伸びたとする．このとき，この並列に連結された棒の剛体ブロックにおける荷重 – 伸び線図を作図してみよう．ここで，左側の棒（#1）の降伏応力を σ_{y1}，右側の棒（#2）のそれを σ_{y2} とし，$\sigma_{y1} < \sigma_{y2}$ の関係であるものとする．また，いずれも棒の長さは l，断面積は A，縦弾性係数は E とする．

それぞれの棒が弾性状態にあるものとすれば，図 2.4 に示す自由体図から，剛体ブロックに対する鉛直下向き方向の力のつり合いの式は

$$P = R_1 + R_2 \tag{2.6}$$

となり，棒 #1 と #2 の伸び δ_1 と δ_2 は

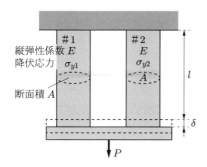

図 2.3 引張荷重を受ける 2 本の並列棒

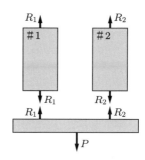

図 2.4 自由体図

$$\delta_1 = \frac{R_1 l}{AE}, \qquad \delta_2 = \frac{R_2 l}{AE} \tag{2.7}$$

であるから，伸びの条件（不静定条件）

$$\delta_1 = \delta_2 \ (\equiv \delta) \tag{2.8}$$

より，次式が得られる．

$$\frac{R_1 l}{AE} = \frac{R_2 l}{AE} \tag{2.9}$$

式 (2.6) と式 (2.9) を連立させると，棒 #1 と #2 に生じる内力 R_1 と R_2 は

$$R_1 = R_2 = \frac{1}{2}P \tag{2.10}$$

となる．これにより，棒 #1 と #2 に生じる垂直応力 σ_1 と σ_2 は

$$\sigma_1 = \sigma_2 = \frac{P}{2A} \tag{2.11}$$

となる．

$\sigma_1 < \sigma_{y1}$ のとき，棒 #1 と #2 は弾性状態にある．このとき，剛体ブロックの鉛直下向き方向の伸びは，式 (2.7)，(2.8)，(2.10) から

$$\delta = \frac{Pl}{2AE} \tag{2.12}$$

であるから，荷重について求めると次式となる．

$$P = 2\frac{AE}{l}\delta \tag{2.13}$$

荷重が増加して，棒 #1 が降伏すると $\sigma_1 = \sigma_{y1}$, $\sigma_2 < \sigma_{y2}$ となるから，式 (2.6) は

$$P = \sigma_{y1}A + R_2 \tag{2.14}$$

となり，よって，

$$R_2 = P - \sigma_{y1} A \tag{2.15}$$

となる．これにより伸びは，式 (2.7) から

$$\delta = \delta_2 = \frac{R_2 l}{AE} = \frac{(P - \sigma_{y1} A) l}{AE} \tag{2.16}$$

となる．よって，荷重について求めると，

$$P = \frac{AE}{l} \delta + \sigma_{y1} A \tag{2.17}$$

となる．荷重がさらに増加して，棒#2 も降伏（$\sigma_1 = \sigma_{y1}$, $\sigma_2 = \sigma_{y2}$）したとすれば

$$P_U = \sigma_{y1} A + \sigma_{y2} A \tag{2.18}$$

となる．ここで，P を P_U に置き換えた．これにより，この荷重に達すると二つの棒が降伏して，剛体ブロックは鉛直下向きに際限なく伸びることになり，並列棒は荷重に耐えられなくなる．よって，式 (2.18) が本問題の**塑性崩壊荷重**である．図 2.5 に荷重 – 伸び線図を示す．

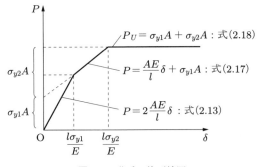

図 2.5　荷重 – 伸び線図

▶ 2.2.2　3 本の並列棒問題

棒の数を 3 本に増やしてみよう．図 2.6 に問題の図を示す．ここで，それぞれの棒の降伏応力は $\sigma_{y1} < \sigma_{y2} < \sigma_{y3}$ の関係にあるものとする．また，いずれの棒も断面積は A，縦弾性係数は E とする．

すべての棒が弾性状態にあるとき，棒#1, #2, #3 の垂直応力 $\sigma_1, \sigma_2, \sigma_3$ は

$$\sigma_1 = \sigma_2 = \sigma_3 = \frac{P}{3A} \tag{2.19}$$

である．よって，$\sigma_1 < \sigma_{y1}$ のとき，

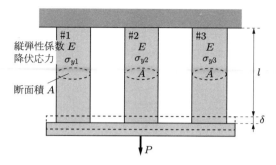

図 2.6 引張荷重を受ける 3 本の並列棒

$$P = 3\frac{AE}{l}\delta \tag{2.20}$$

となる．つぎに，$\sigma_1 = \sigma_{y1},\, \sigma_2 < \sigma_{y2}$ のとき，

$$P = 2\frac{AE}{l}\delta + \sigma_{y1}A \tag{2.21}$$

となり，さらに，$\sigma_1 = \sigma_{y1},\, \sigma_2 = \sigma_{y2},\, \sigma_3 < \sigma_{y3}$ のとき，

$$P = \frac{AE}{l}\delta + \sigma_{y1}A + \sigma_{y2}A \tag{2.22}$$

となる．最後に $\sigma_1 = \sigma_{y1},\, \sigma_2 = \sigma_{y2},\, \sigma_3 = \sigma_{y3}$ のとき，

$$P_U = \sigma_{y1}A + \sigma_{y2}A + \sigma_{y3}A \tag{2.23}$$

であり，これが本問題の塑性崩壊荷重である．図 2.7 に荷重 – 伸び線図を示す．

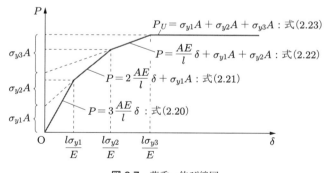

図 2.7 荷重 – 伸び線図

▶ 2.2.3　n 本の並列棒問題

　図 2.8 に示すように棒の数を n 本にしてこの問題を一般化してみよう．それぞれの棒の降伏応力は $\sigma_{y1} < \cdots < \sigma_{yn}$ の関係にあるものとする．また，いずれの棒も断面積は A，縦弾性係数を E とする．するとこれまでの結果から，図 2.9 に示すような荷重 – 伸び線図や塑性崩壊荷重が得られることは容易に理解できるであろう．

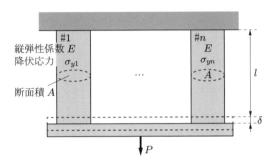

図 2.8　引張荷重を受ける n 本の並列棒

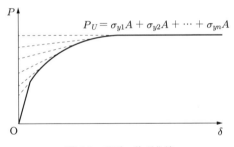

図 2.9　荷重 – 伸び曲線

2.3　金属組織と降伏現象

　図 2.9 は，引張試験で得られる応力 – ひずみ曲線（図 1.2（a））に類似していることに気がつく．そこで，このように類似した理由について考えるため，図 2.10 に示すように材料を構成している金属組織を想像してみる．金属組織は，さまざまな方向のすべり面をもつ結晶の集合体である．また，降伏現象はすべり面に沿った結晶のすべりであるから，それぞれの結晶は見かけ上，異なった降伏応力であると考えてよい．このことと棒の問題を対応づけてみると，それぞれの棒を結晶とみなせば，棒の荷重 – 伸び線図が引張試験で得られる荷重 – 伸び曲線によく一致していることは容易に理解できるであろう．よって，棒の不静定問題は金属組織の降伏現象を理解するのに役立った．

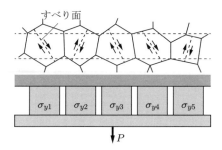

図 2.10　金属組織と並列棒の問題の関係

演習問題

2.1　棒の不静定問題において，並列棒の数が $n = 5$ 本のとき，荷重と伸びの関係式を導出せよ．さらに，荷重 - 伸び線図を作図せよ．ここで，長さ l，断面積 A，縦弾性係数 E はすべての棒で等しく，降伏応力は $\sigma_{y1} < \sigma_{y2} < \cdots < \sigma_{y5}$ と仮定する．

2.2　図 2.11 に示す 3 本の棒からなるトラスの問題について考える．棒 #1 と #3 は長さが l であり，すべての棒の断面積は A，縦弾性係数は E とする．降伏応力も等しく σ_y とすれば，このトラスの荷重 - 伸び線図を作図せよ．

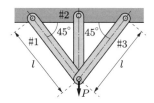

図 2.11　3 本の棒からなるトラス

第3章 引張りと曲げを受けるはりの弾塑性変形

　本章では，材料力学で学んだはりの問題がどのように弾塑性力学で拡張されるのかをみていく．そのため，はじめに曲げモーメントのみを受けるはりの弾塑性問題について考える．さらに，引張荷重と曲げモーメントを同時に受けるはりの問題に取り組み，はりの機能が完全に失われるときの条件（塑性崩壊条件）を示す．ここに示す条件は，弾塑性変形を許容した機械構造物の設計において非常に重要である．ここでは，**弾完全塑性体**を仮定する．

3.1　曲げを受けるはりの弾性変形

　曲げモーメント M を受けることではりに生じた曲げ応力が降伏応力に比べて低い場合には，材料力学で学んできた公式がそのまま利用できる．以下にその公式をまとめておこう．図 3.1 に示す高さ h，厚さ b の長方形断面のはりの曲げ問題に対しては，それぞれつぎのようになる．

(1) 垂直ひずみ

$$\varepsilon = \frac{y}{\rho} \tag{3.1}$$

ここで，ρ は曲げられたはりの中立面の曲率半径である．

(2) 曲げ応力

$$\sigma = E\frac{y}{\rho} \tag{3.2}$$

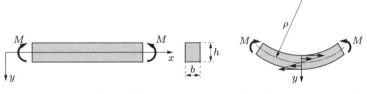

（a）はりの形状　　　　　　（b）曲げモーメントにより
　　　　　　　　　　　　　　　変形したはりの形状

図 3.1　曲げモーメントを受けるはりの問題

ここで，E ははりの縦弾性係数である．

　一方，曲げモーメントと曲率半径の関係は次式となる．

$$M = EI \frac{1}{\rho} \tag{3.3}$$

ここで，I は断面二次モーメントである．よって，曲げ応力はつぎのようになる．

$$\sigma = \frac{M}{I} y \tag{3.4}$$

（3）断面二次モーメント

$$I = \int y^2 \, dA \tag{3.5}$$

　以上の公式により，はりの途中を仮想的に切断し，その面（仮想切断面）に生じている曲げ応力について考えると，図 3.2 のようになる．曲げ応力の分布において，はりの下面でその大きさが最大となり，つぎのように表される．

$$\sigma_{\max} = \frac{M}{I} \cdot \frac{h}{2} \tag{3.6}$$

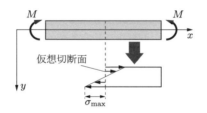

図 3.2　はりに生じる曲げ応力の分布

3.2　曲げを受けるはりの弾塑性変形

　式 (3.6) に示した曲げ応力の最大値が降伏応力 σ_y に達すると，図 3.3 に示すように，はりの表面から中立面に向けて塑性域が広がっていく．このとき，弾性域ははりの中央にあり，その幅を c とすると，はりに生じる曲げ応力の分布は

$$\left.\begin{aligned} \sigma &= E \frac{y}{\rho} \quad \left(|y| \le \frac{c}{2}\right) \\ \sigma &= \sigma_y \quad \left(\frac{c}{2} \le |y| \le \frac{h}{2}\right) \end{aligned}\right\} \tag{3.7}$$

となる．中立面に対して曲げ応力の分布が対称であることを考慮して，曲げモーメントは $0 \le y \le h/2$ のみ計算して 2 倍すれば次式となる．

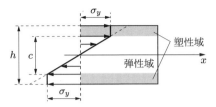

図 3.3 弾塑性状態にあるはりに生じる曲げ応力の分布

$$M = 2 \left(\int_0^{\frac{c}{2}} \sigma by \, dy + \int_{\frac{c}{2}}^{\frac{h}{2}} \sigma_y by \, dy \right) \tag{3.8}$$

式 (3.7) を式 (3.8) に代入して計算すると，

$$M = \frac{Ebc^3}{12\rho} + \frac{\sigma_y b}{4}(h^2 - c^2) \tag{3.9}$$

となる．ここで，式 (3.7) の第 1 式においても $y = c/2$ で曲げ応力が降伏応力に等しいことから

$$\sigma_y = \frac{E}{\rho} \cdot \frac{c}{2} \tag{3.10}$$

となる．これにより，弾性域の大きさがつぎのように求められる．

$$c = \frac{2\rho\sigma_y}{E} \tag{3.11}$$

式 (3.11) を式 (3.9) に代入して整理すると，弾塑性状態における曲げモーメントと曲率半径の関係はつぎのように求められる．

$$M = \sigma_y \frac{bh^2}{4} \left\{ 1 - \frac{1}{3} \left(\frac{2\sigma_y}{Eh} \rho \right)^2 \right\} \tag{3.12}$$

曲げモーメントがさらに増加し，はりの全面が塑性域となったとき，はりの曲げ応力の分布は図 3.4 のようになる．このとき，中立面に対して曲げ応力の分布が対称であることを考慮して，曲げモーメントは $0 \leq y \leq h/2$ のみ計算して 2 倍すれば，

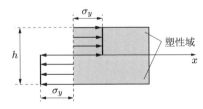

図 3.4 全面塑性状態にあるはりに生じる曲げ応力の分布

$$M = 2 \int_0^{\frac{h}{2}} \sigma_y by \, dy \tag{3.13}$$

となる．よって，このはりが**塑性崩壊**（plastic collapse）するときの曲げモーメント

$$M_U = \sigma_y \frac{bh^2}{4} \tag{3.14}$$

を得る．さらに，

$$Z_p = \frac{bh^2}{4}$$

とおけば，式 (3.14) は

$$M_U = \sigma_y Z_p \tag{3.15}$$

となる．ここで，Z_p は**塑性断面係数**（plastic section modules）とよばれる．

式 (3.3)，(3.12)，(3.14) から，はりに作用する曲げモーメントとはりの変形状態を表す曲率半径の関係を作図すると，図 3.5 のようになる．

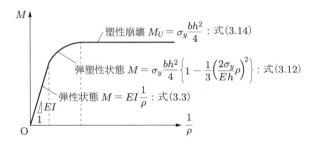

図 3.5 曲げモーメントと曲率半径の逆数の関係

3.3 引張りと曲げを受けるはりの弾塑性変形

図 3.6 に示すような引張荷重 P と曲げモーメント M を同時に受けるはりの塑性崩壊条件について考えてみる．はりの断面は図 3.1（a）に示した形状と同様な長方形とする．このはりの中立面に沿って引張荷重が作用することで，はりには一定の引張応力が分布する．これに加えて，曲げモーメントによる曲げ応力も重ね合わされて図 3.6（a）のように応力が分布することになる．

引張荷重をある値で一定にしておき，曲げモーメントを増加させていくことを考える．すると，はりの下面ではじめに応力が降伏応力に達する（図 3.6（b））．さらに曲げモーメントが増加すると，降伏域がはりの下面から内部に向けて広がっていく（図 3.6

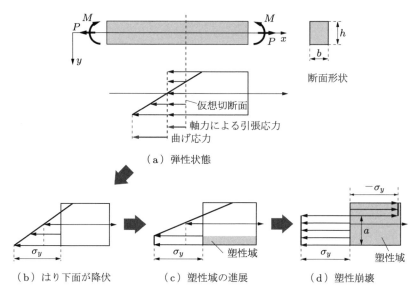

（a）弾性状態

（b）はり下面が降伏　（c）塑性域の進展　（d）塑性崩壊

図 3.6　引張荷重と曲げモーメントを受けるはり

（c））．その後，はり上面の応力も降伏応力に達して，最終的には図 3.6（d）のように
はりが全面で降伏，すなわち塑性崩壊する．ここで，はりの下面から距離 a まで引張
側に降伏したとすれば，塑性崩壊したときの引張荷重 P と曲げモーメント M は，つ
ぎのようになる．

$$P = \sigma_y(2a - h)b, \qquad M = \sigma_y(h - a)ab \tag{3.16}$$

一方，引張荷重のみのときの塑性崩壊荷重は

$$P_U = \sigma_y hb \tag{3.17}$$

であり，曲げモーメントのみではその塑性崩壊モーメントは，式 (3.14) より，

$$M_U = \sigma_y \frac{bh^2}{4} \tag{3.18}$$

であった．よって，式 (3.16) の第 1 式を式 (3.17) で割って，両辺を二乗すると，

$$\left(\frac{P}{P_U}\right)^2 = 4\left(\frac{a}{h}\right)^2 - 4\cdot\frac{a}{h} + 1 \tag{3.19}$$

となる．また，式 (3.16) の第 2 式を式 (3.18) で割ると，

$$\frac{M}{M_U} = -4\left(\frac{a}{h}\right)^2 + 4\cdot\frac{a}{h} \tag{3.20}$$

となる．よって，はりに引張荷重と曲げモーメントが同時に作用するときの塑性崩壊条件は，式 (3.19) と式 (3.20) の和をとることで，

$$\left(\frac{P}{P_U}\right)^2 + \frac{M}{M_U} = 1 \tag{3.21}$$

となる．

　機械設計においては，部材が塑性状態におかれているか判断する基準として応力が用いられる．このため，式 (3.21) における引張荷重と曲げモーメントを応力で置き換えておく．まず，はりに作用する垂直応力を σ_m とすれば，引張荷重は次式となる．

$$P = \sigma_m bh \tag{3.22}$$

ここで，σ_m は**膜応力**（membrane stress）とよばれる．つぎに，曲げモーメントは，式 (3.6) において最大曲げ応力を σ_b とおき，断面二次モーメント $I = bh^3/12$ を代入することで，

$$M = \sigma_b \frac{bh^2}{6} \tag{3.23}$$

となる．このようにして引張荷重と曲げモーメントを弾性状態の応力 σ_m と σ_b に置き換えておく．

　式 (3.17)，(3.18) と式 (3.22)，(3.23) を式 (3.21) に代入すれば，応力に関する以下の塑性崩壊条件式が得られる．

$$\left(\frac{\sigma_m}{\sigma_y}\right)^2 + \frac{2\sigma_b}{3\sigma_y} = 1 \tag{3.24}$$

この条件式をさらにつぎのように変形しておく．

$$\frac{\sigma_m + \sigma_b}{\sigma_y} = \frac{3}{2}\left\{1 - \left(\frac{\sigma_m}{\sigma_y}\right)^2 + \frac{2\sigma_m}{3\sigma_y}\right\} \tag{3.25}$$

縦軸に $(\sigma_m + \sigma_b)/\sigma_y$，横軸に σ_m/σ_y をとってグラフにしたものを図 3.7 に示す．縦軸は，はりに生じている弾性応力の最大値と降伏応力の比であり，横軸は引張荷重のみによる応力と降伏応力の比となる．なお，$\sigma_m/\sigma_y = 1$ を超えることはない．これにより，はりに生じている応力値がこの線図の内側にある場合には，はりは弾塑性状態にあること，応力値が実線上あるいはこれを超えると塑性崩壊することが図から簡単に読み取れる．このことから，この実線は**塑性崩壊曲線**（plastic collapse curve）とよばれる．

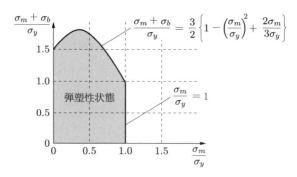

図 3.7 引張荷重と曲げモーメントを受けるはりの塑性崩壊曲線

極限解析と極限設計

　引張荷重と曲げモーメントを受ける機械構造物が，塑性崩壊する極限状態まで部材に生じる応力を許容しようとする設計法は，**極限設計**（limited design, ultimate design）とよばれる．ここでは，はりの静定問題や不静定問題を通じて極限設計について理解を深めていこう．

▶3.4.1　集中荷重を受ける片持ちはり

　図 3.8 に示す剛体壁に固定支持された片持ちはりについて考える．このはりの先端に集中荷重 P が作用するとき，塑性崩壊荷重 P_U を求めてみることにする．ここで，はりの縦弾性係数は E，はりの長さは l，はりの断面形状は高さ h，厚さ b の長方形とする．

　図 3.8 において，はりの固定支持に生じる曲げモーメントは

$$M = Pl \tag{3.26}$$

である．はりの先端に作用している集中荷重 P が P_U となり，固定支持で全断面が降伏したとすると，式 (3.14) と $P = P_U$ より，

$$P_U l = \sigma_y \frac{bh^2}{4} \tag{3.27}$$

図 3.8　先端に集中荷重を受ける片持ちはり

であるから，塑性崩壊荷重はつぎのように求められる．

$$P_U = \sigma_y \frac{bh^2}{4l} \tag{3.28}$$

別解法として，仮想仕事の原理により式 (3.28) を求めてみる．はりの固定支持で全断面が降伏すると，この点がヒンジのように自由に回転するようになる．この回転する点は**塑性関節**（plastic hinge）とよばれる．これにより，集中荷重 P_U によりはりになされた仕事はすべて塑性関節で吸収されると考えてよい．図 3.9 に塑性関節を中心にはりが変形した様子を示す．

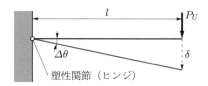

図 3.9 塑性ヒンジによる解析モデル

図 3.9 から，集中荷重 P_U によってその作用点が δ だけたわんだとすれば，はりになされた仕事は

$$W = P_U \delta \tag{3.29}$$

となる．一方，塑性関節で吸収される仕事は，ヒンジで回転した角度を $\Delta\theta$ とすれば，

$$U = M_U \Delta\theta \tag{3.30}$$

となる．よって，はりになされた仕事は，そのまま塑性関節で仕事として吸収されるとして，$W = U$ より，

$$P_U \delta = M_U \Delta\theta \tag{3.31}$$

となる．ここで，図 3.9 に示されている直角三角形から $\delta = l\Delta\theta$ の関係が近似的に成り立つので，式 (3.31) はつぎのようになる．

$$P_U = \frac{M_U}{l} \quad \Rightarrow \quad P_U = \sigma_y \frac{bh^2}{4l} \tag{3.32}$$

▶3.1.2 集中荷重を受ける両端支持はり

図 3.10 に示す両端支持されたはりについて考えることにしよう．このはりの中央に集中荷重 P が作用するとき，塑性崩壊荷重 P_U を求める．ここで，はりの縦弾性係数は E，はりの長さは l，はりの断面形状は高さ h，厚さ b の長方形とする．

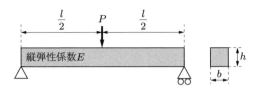

図 3.10　中央で集中荷重を受ける両端支持はり

両端支持はりの中央部での曲げモーメントは

$$M = \frac{1}{4} Pl \tag{3.33}$$

である．この集中荷重が P_U になったとき，はり中央が塑性崩壊するから，式 (3.14) と $P = P_U$ より，

$$\frac{1}{4} P_U l = \sigma_y \frac{bh^2}{4} \tag{3.34}$$

となる．よって，塑性崩壊荷重は

$$P = \sigma_y \frac{bh^2}{l} \tag{3.35}$$

となり，この結果から，先の片持ちはりの問題の 4 倍まで耐えられることがわかる．

本問題においても別解法として，仮想仕事の原理により式 (3.35) を求めてみる．図 3.11 に本問題の塑性関節による解析モデルを示す．集中荷重が作用している点が鉛直下向きに δ だけたわみ，曲げ応力がもっとも高いことから作用点が塑性ヒンジと考える．一方，はりの支持まわりではりが回転角 $\Delta\theta$ だけ回転したと仮定すれば，図のような二等辺三角形が解析モデルとして作図できる．これにより集中荷重 P_U によってはりになされた仕事は

$$W = P_U \delta \tag{3.36}$$

であり，塑性関節が吸収する仕事は

$$U = 2M_U \Delta\theta \tag{3.37}$$

となる．集中荷重によりはりになされた仕事は，そのまま塑性関節で仕事として吸収されるから，$W = U$ である．よって，

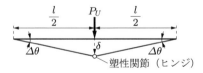

図 3.11　塑性関節による解析モデル

$$P_U \delta = 2M_U \Delta\theta \tag{3.38}$$

となる．ここで，図 3.11 に示されている直角三角形から $\delta = (l/2)\,\Delta\theta$ の関係が近似的に成り立つので，式 (3.38) はつぎのようになる．

$$P_U = 4\frac{M_U}{l} \quad \Rightarrow \quad P_U = \sigma_y \frac{bh^2}{l} \tag{3.39}$$

▶ 3.4.3　複雑な構造物

複雑な構造物の問題に対して，仮想仕事の原理を適用できるようにしておく．はじめに構造物が変形した図を作図する．その結果，作用点での変位が δ_m，塑性関節での相対的な回転角が $\Delta\theta_n$ であったとする．ここで，塑性関節ははりの作用点あるいは固定支持にとられる．すると，外力によってなされた仕事と塑性関節で吸収された仕事が等しいことから

$$\sum_m P_m \delta_m = \sum_n (M_U)_n \Delta\theta_n \tag{3.40}$$

となる．これと解析モデルにおける幾何学的関係に従って得られた変位と相対回転角により，構造物が耐えられる塑性崩壊荷重（最大荷重）P_m を求めることができる．荷重は，**荷重の上界値**ともよばれる．

演習問題

3.1　式 (3.25) の塑性崩壊曲線において，$(\sigma_m + \sigma_b)/\sigma_y$ の最大値とそのときの σ_m/σ_y を求めよ．

3.2　図 3.12 に示す両端支持されたはりが等分布荷重を受けている．このとき，このはりが塑性崩壊するときの等分布荷重 w_U を求めよ．

3.3　図 3.13 に示す両端支持されたはりが等分布荷重と引張荷重を同時に受けている．このとき，このはりが塑性崩壊するときの引張荷重 P_U を求めよ．

3.4　図 3.14 に示す両端固定されたはりが集中荷重を受けている．このとき，このはりの塑性崩壊荷重 P_U を求めよ．なお，仮想仕事の原理を利用すること．

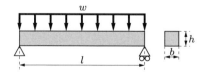

図 3.12　等分布荷重を受ける
両端支持はり

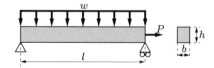

図 3.13　引張荷重と等分布荷重を受ける
両端支持はり

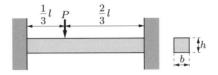

図 3.14   集中荷重を受ける両端固定はり

ヨハン・バウシンガー（Johann Bauschinger）1833〜1893
　　ミュンヘン工科大学教授．構造力学の分野でさまざまな研
究成果を残した．バウシンガー効果を発見できた大きな理由として，
試験片に生じたひずみを 1×10^{-6} の高精度で計測できる鏡式伸び
計を発明したことが挙げられる．このおかげで正確に応力 – ひずみ
曲線を求めることができるようになり，繰返し荷重で描かれる応力 –
ひずみ曲線から引張側と圧縮側で降伏応力が異なっていることを発
見できた．このことは現代でもあてはまることであり，新しいセンサによる測定技術が開
発されることでいままで知られていなかった物理現象が発見される．

第4章 多軸応力と応力の不変量

これまで，棒やはりが引張荷重や曲げモーメントを受けるときの弾塑性問題について考えてきた．これらの問題の解は，塑性変形まで考慮した機械設計において非常に有益である．それは，応力を膜応力，曲げ応力あるいはそれらの重ね合せた応力とみなし，塑性崩壊曲線を利用して部材が塑性崩壊しないか簡単に判断できるからである．

ところで機械部品はいろいろな形状であるとともに，さまざまな方向から荷重を受けて複雑な応力状態，すなわち多軸応力状態となる．そこで本章では，このような一般的な形状の部品に生じる応力分布とその降伏現象について学ぶ．

4.1 応力成分の定義

図 4.1 に任意形状で一様厚さ b の平板が多軸応力状態にある様子を示す．この平板に生じている応力を知るために，図のように直角座標系 (x_1, x_2) をおく．そして，この座標系において点 $\mathrm{P}(x_1, x_2)$ の応力は，微小要素と極限操作の概念によりつぎのように表すことができる．

点 P から座標軸に平行に仮想線を引き，さらにこの線から微小距離 Δx_1 と Δx_2 の位置にも仮想線を引く．この仮想線で囲まれた長方形は，**微小要素**（small element）とよばれる．この微小要素の各面に作用する正の方向の応力は，図の矢印となる．ここで，応力の下添字をつぎのように約束する．

「i 軸に垂直な面に作用する j 軸方向の応力は，σ_{ij} と表記する．」

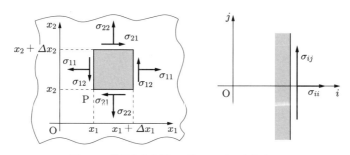

図 4.1 多軸応力状態の平板における応力成分

極限 $\Delta x_1, \Delta x_2 \to 0$ とすれば，微小要素の各辺での応力は点 P での応力となる（**極限操作**（limit operation））．よって，点 P での応力成分は，$\sigma_{11}, \sigma_{22}, \sigma_{12}, \sigma_{21}$ となる．ここで，点 P のまわりにモーメントのつり合いを考えると $\sigma_{12}(b\Delta x_2)\Delta x_1 = \sigma_{21}(b\Delta x_1)\Delta x_2 = 0$ であるから，$\sigma_{12} = \sigma_{21}$ でなければならないことがわかる．結局，応力成分は $\sigma_{11}, \sigma_{22}, \sigma_{12} \, (= \sigma_{21})$ となる．

4.2 ▷▷ 応力成分の座標変換式

図 4.2 に示す平板にとられた二つの異なる座標系 (x_1, x_2)，(x'_1, x'_2) からみた応力成分について考える．二つの座標系の原点は共通で，相互に角度 θ だけ異なっているものとする．このような座標系に対して，直角三角形の微小要素 ABC をおく．ここで，辺 AC は x_1 軸，辺 AB は x_2 軸，辺 BC は x'_2 軸に平行となるようにおく．すると，辺 AC と辺 AB は座標系 (x_1, x_2) に，辺 BC は座標系 (x'_1, x'_2) にそれぞれ属することになる．これにより，各辺での応力成分は図 4.2 のようになる．

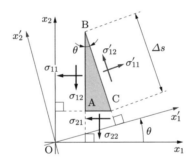

図 4.2　異なる二つの座標系からみた微小要素と各辺の応力成分

辺 BC の長さを Δs，平板の厚さを単位厚さ 1 にとれば，直角三角形 ABC に対する力のつり合いの式は次式となる．

$$\left.\begin{array}{l} (\sigma'_{11}\cos\theta)\cdot\Delta s - (\sigma'_{12}\sin\theta)\cdot\Delta s - \sigma_{11}\cdot(\Delta s\cos\theta) - \sigma_{21}\cdot(\Delta s\sin\theta) = 0 \\ (\sigma'_{11}\sin\theta)\cdot\Delta s + (\sigma'_{12}\cos\theta)\cdot\Delta s - \sigma_{22}\cdot(\Delta s\sin\theta) - \sigma_{12}\cdot(\Delta s\cos\theta) = 0 \end{array}\right\} \tag{4.1}$$

これを解くと

$$\left.\begin{array}{l} \sigma'_{11} = \sigma_{11}\cos^2\theta + \sigma_{22}\sin^2\theta + 2\sigma_{12}\sin\theta\cos\theta \\ \sigma'_{12} = (\sigma_{22} - \sigma_{11})\sin\theta\cos\theta + \sigma_{12}(\cos^2\theta - \sin^2\theta) \end{array}\right\} \tag{4.2}$$

となり，さらに倍角の公式を利用して

$$\left.\begin{array}{l}\sigma'_{11} = \dfrac{1}{2}(\sigma_{11} + \sigma_{22}) + \dfrac{1}{2}(\sigma_{11} - \sigma_{22})\cos 2\theta + \sigma_{12}\sin 2\theta \\[3mm] \sigma'_{12} = \dfrac{1}{2}(\sigma_{22} - \sigma_{11})\sin 2\theta + \sigma_{12}\cos 2\theta \end{array}\right\} \tag{4.3}$$

のようにまとめられる．これらの関係式は**応力成分の座標変換式**とよばれる．

4.3　主応力と最大せん断応力

　式 (4.3) からわかるように，座標系の角度 θ に伴って応力成分が変化する．このとき，せん断応力 σ'_{12} が

$$\sigma'_{12} = 0 \tag{4.4}$$

となるときの角度 θ について求めると，

$$\tan 2\theta = \frac{2\sigma_{12}}{\sigma_{11} - \sigma_{22}} \tag{4.5}$$

となる．この角度の方向の軸は**主応力軸**（axis of principle stress）とよばれる．この角度を式 (4.3) の第 1 式に代入すると，二つの垂直応力 σ'_{11} が求められる．これを σ_1 と σ_2 とおくと，

$$\left.\begin{array}{l}\sigma_1 = \dfrac{1}{2}(\sigma_{11} + \sigma_{22}) + \dfrac{1}{2}\sqrt{(\sigma_{11} - \sigma_{22})^2 + 4\sigma_{12}^2} \\[3mm] \sigma_2 = \dfrac{1}{2}(\sigma_{11} + \sigma_{22}) - \dfrac{1}{2}\sqrt{(\sigma_{11} - \sigma_{22})^2 + 4\sigma_{12}^2} \end{array}\right\} \tag{4.6}$$

となる．この応力は**主応力**（principle stress）とよばれる．

　つぎに，せん断応力 σ'_{12} が極値

$$\frac{d\sigma'_{12}}{d\theta} = 0 \tag{4.7}$$

となるときの角度 θ について求めると，

$$\tan 2\theta' = -\frac{\sigma_{11} - \sigma_{22}}{2\sigma_{12}} \tag{4.8}$$

となる．この角度の方向にとられた面は**最大せん断応力面**（plane of maximum shear stress）とよばれる．この角度を式 (4.3) の第 2 式に代入すると，二つのせん断応力 σ'_{12} が求められる．これを τ_1 と τ_2 とおくと，

$$\left.\begin{array}{l} \tau_1 = \dfrac{1}{2}\sqrt{(\sigma_{11} - \sigma_{22})^2 + 4\sigma_{12}^2} \\[2mm] \tau_2 = -\dfrac{1}{2}\sqrt{(\sigma_{11} - \sigma_{22})^2 + 4\sigma_{12}^2} \end{array}\right\} \tag{4.9}$$

となる．この応力は**最大せん断応力**（maximum shear stress）とよばれる．

主応力と最大せん断応力の間には以下の関係がある．

① 主応力軸と最大せん断応力面のなす角度は 45° である．

式 (4.5) と式 (4.8) を掛け合わせると，

$$\tan 2\theta \tan 2\theta' = -1 \tag{4.10}$$

であるから，$|2\theta - 2\theta'| = \pi/2$ の関係を満足していなければならない．よって，主応力軸と主せん断応力面のなす角は 45° に交わることになる．すなわち，次式となる．

$$|\theta - \theta'| = \frac{\pi}{4} \tag{4.11}$$

② 主応力差は最大せん断応力に等しい．

式 (4.6) において σ_1 と σ_2 の差をとると，それは式 (4.9) の τ_1 の 2 倍に等しい．

$$\sigma_1 - \sigma_2 = 2\tau_1 \tag{4.12}$$

4.4　応力の不変量

式 (4.1) を主応力で以下のように表してみる．図 4.3 には，角度 θ のとき，せん断応力がゼロである斜面をもつ微小要素と各辺に生じている応力成分を示す．

図に示す微小要素の斜面では，斜面に垂直方向に主応力 σ のみ存在することになる．したがって，式 (4.1) において $\sigma'_{11} \equiv \sigma$，$\sigma'_{12} = 0$ とおく．さらに斜面の単位法線ベク

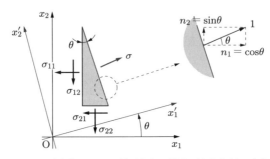

図 4.3　せん断応力がゼロの斜面をもつ微小要素と各辺の応力成分

トルは，$(n_1, n_2) = (\cos\theta, \sin\theta)$ であるから，これらを式 (4.1) に代入すると，

$$\sigma n_1 = \sigma_{11}n_1 + \sigma_{21}n_2, \qquad \sigma n_2 = \sigma_{22}n_2 + \sigma_{12}n_1 \tag{4.13}$$

となる．これを行列でまとめて表示すると，

$$\begin{bmatrix} \sigma_{11} - \sigma & \sigma_{21} \\ \sigma_{12} & \sigma_{22} - \sigma \end{bmatrix} \begin{Bmatrix} n_1 \\ n_2 \end{Bmatrix} = \begin{Bmatrix} 0 \\ 0 \end{Bmatrix} \tag{4.14}$$

となる．ここで，法線ベクトル $\neq$ ゼロである非自明な解をもつためには，行列方程式 (4.14) において，行列式

$$\begin{vmatrix} \sigma_{11} - \sigma & \sigma_{21} \\ \sigma_{12} & \sigma_{22} - \sigma \end{vmatrix} = 0 \tag{4.15}$$

が成り立たなければならない．よって，2 次方程式

$$\sigma^2 - (\sigma_{11} + \sigma_{22})\sigma + \sigma_{11}\sigma_{22} - \sigma_{12}^2 = 0 \tag{4.16}$$

が得られる．ここで，σ_{21} を σ_{12} とおいた．2 次方程式の解の公式によりこの方程式の根を求めると，式 (4.6) の主応力 σ_1, σ_2 が得られる．ここで，式 (4.16) において σ は座標系のとり方によらない点には注意する．よって，$(\sigma_{11} + \sigma_{22})$ と $\sigma_{11}\sigma_{22} - \sigma_{12}^2$ も座標系のとり方によらないから，これらは**応力の不変量** (stress invariants) とよばれる．

以上はそのまま 3 次元問題に拡張できる．図 4.4 に示すような座標系 (x_1, x_2, x_3) における四面体の微小要素を考える．この微小要素の斜面に対する単位法線ベクトルを (n_1, n_2, n_3) とすれば，式 (4.14) は

$$\begin{bmatrix} \sigma_{11} - \sigma & \sigma_{21} & \sigma_{31} \\ \sigma_{12} & \sigma_{22} - \sigma & \sigma_{32} \\ \sigma_{13} & \sigma_{23} & \sigma_{33} - \sigma \end{bmatrix} \begin{Bmatrix} n_1 \\ n_2 \\ n_3 \end{Bmatrix} = \begin{Bmatrix} 0 \\ 0 \\ 0 \end{Bmatrix} \tag{4.17}$$

のように書き換えることができる．ここで，法線ベクトル $\neq$ ゼロである非自明な解をもつためには，行列方程式 (4.17) において「行列式 $= 0$」であることから

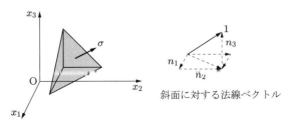

斜面に対する法線ベクトル

図 4.4 3 次元空間における微小要素と各辺の応力成分

$$
\begin{vmatrix}
\sigma_{11} - \sigma & \sigma_{21} & \sigma_{31} \\
\sigma_{12} & \sigma_{22} - \sigma & \sigma_{32} \\
\sigma_{13} & \sigma_{23} & \sigma_{33} - \sigma
\end{vmatrix} = 0
\tag{4.18}
$$

が成り立たなければならない．この行列式を展開するとつぎの 3 次方程式が得られる．

$$
\sigma^3 - J_1 \sigma^2 - J_2 \sigma - J_3 = 0
\tag{4.19}
$$

この 3 次方程式の根を $(\sigma_1, \sigma_2, \sigma_3)$ とすれば，これが 3 次元問題における主応力となる．ただし，式 (4.19) の各次数に対する係数は以下のように表される．

$$
\left.
\begin{aligned}
J_1 &= \sigma_{11} + \sigma_{22} + \sigma_{33} \\
J_2 &= -(\sigma_{22}\sigma_{33} + \sigma_{33}\sigma_{11} + \sigma_{11}\sigma_{22}) + \sigma_{23}^2 + \sigma_{31}^2 + \sigma_{12}^2 \\
J_3 &= \sigma_{11}\sigma_{22}\sigma_{33} + 2\sigma_{23}\sigma_{31}\sigma_{12} - \sigma_{11}\sigma_{23}^2 - \sigma_{22}\sigma_{31}^2 - \sigma_{33}\sigma_{12}^2
\end{aligned}
\right\}
\tag{4.20}
$$

なお，これらの関係式は主応力によりつぎのように書き直すこともできる．

$$
\left.
\begin{aligned}
J_1 &= \sigma_1 + \sigma_2 + \sigma_3 \\
J_2 &= -(\sigma_2\sigma_3 + \sigma_3\sigma_1 + \sigma_1\sigma_2) \\
J_3 &= \sigma_1\sigma_2\sigma_3
\end{aligned}
\right\}
\tag{4.21}
$$

この関係式は

$$
(\sigma - \sigma_1)(\sigma - \sigma_2)(\sigma - \sigma_3) = 0
\tag{4.22}
$$

より簡単に導出できる．各自確認してほしい．

　式 (4.20)，(4.21) は，座標系が変化しても変わることがないから，応力の不変量である．とくに，J_1 は**第 1 不変量**，J_2 は**第 2 不変量**，J_3 は**第 3 不変量**とよばれる．応力の不変量は，多軸応力状態の降伏条件において重要な役割を演じる．

4.5　主ひずみとひずみの不変量

　主ひずみについても主応力と同様にして得られ，3 次方程式 (4.19) においてつぎのように応力成分をひずみ成分に置き換えればよい．応力成分は

$$
\sigma_{ij} \quad \Rightarrow \quad \varepsilon_{ij} \quad (i, j = 1, 2, 3)
\tag{4.23}
$$

主応力は

$$
\sigma_i \quad \Rightarrow \quad \varepsilon_i \quad (i = 1, 2, 3)
\tag{4.24}
$$

のように置き換える．すると，3 次方程式 (4.19) は

$$\varepsilon^3 - I_1\varepsilon^2 - I_2\varepsilon - I_3 = 0 \tag{4.25}$$

のように表すことができ，ひずみの不変量は式 (4.20) から次式である．

$$\left.\begin{array}{l} I_1 = \varepsilon_{11} + \varepsilon_{22} + \varepsilon_{33} \\ I_2 = -(\varepsilon_{22}\varepsilon_{33} + \varepsilon_{33}\varepsilon_{11} + \varepsilon_{11}\varepsilon_{22}) + \varepsilon_{23}^2 + \varepsilon_{31}^2 + \varepsilon_{12}^2 \\ I_3 = \varepsilon_{11}\varepsilon_{22}\varepsilon_{33} + 2\varepsilon_{23}\varepsilon_{31}\varepsilon_{12} - \varepsilon_{11}\varepsilon_{23}^2 - \varepsilon_{22}\varepsilon_{31}^2 - \varepsilon_{33}\varepsilon_{12}^2 \end{array}\right\} \tag{4.26}$$

さらに，

$$\varepsilon_{ij} \quad \Rightarrow \quad \frac{1}{2}\gamma_{ij} \quad (i \neq j) \tag{4.27}$$

のようにして置き換えると，式 (4.26) で表されるひずみの不変量は

$$\left.\begin{array}{l} I_1 = \varepsilon_{11} + \varepsilon_{22} + \varepsilon_{33} \\ I_2 = -(\varepsilon_{22}\varepsilon_{33} + \varepsilon_{33}\varepsilon_{11} + \varepsilon_{11}\varepsilon_{22}) + \dfrac{1}{4}(\gamma_{23}^2 + \gamma_{31}^2 + \gamma_{12}^2) \\ I_3 = \varepsilon_{11}\varepsilon_{22}\varepsilon_{33} + \dfrac{1}{4}(\gamma_{23}\gamma_{31}\gamma_{12} - \varepsilon_{11}\gamma_{23}^2 - \varepsilon_{22}\gamma_{31}^2 - \varepsilon_{33}\gamma_{12}^2) \end{array}\right\} \tag{4.28}$$

となる．ここで，γ_{ij} は**工学的せん断ひずみ**（engineering shear strain）とよばれる．
式 (4.28) は，主ひずみ $\varepsilon_1, \varepsilon_2, \varepsilon_3$ でつぎのように書き直すこともできる．

$$\left.\begin{array}{l} I_1 = \varepsilon_1 + \varepsilon_2 + \varepsilon_3 \\ I_2 = -(\varepsilon_2\varepsilon_3 + \varepsilon_3\varepsilon_1 + \varepsilon_1\varepsilon_2) \\ I_3 = \varepsilon_1\varepsilon_2\varepsilon_3 \end{array}\right\} \tag{4.29}$$

演習問題

4.1 式 (4.20) を導出せよ．

4.2 式 (4.21) を導出せよ．

4.3 $\sigma_{11} = 50\,\mathrm{MPa}$, $\sigma_{22} = 100\,\mathrm{MPa}$, $\sigma_{33} = 150\,\mathrm{MPa}$, $\sigma_{12} = 25\,\mathrm{MPa}$, $\sigma_{13} = 0\,\mathrm{MPa}$, $\sigma_{23} = 0\,\mathrm{MPa}$ のとき，主応力軸の方向と主応力を求めよ．

4.4 偏差応力

$$\sigma_{11}' = \sigma_{11} - \sigma_m, \qquad \sigma_{22}' = \sigma_{22} - \sigma_m, \qquad \sigma_{33}' = \sigma_{33} - \sigma_m \tag{4.30}$$

$$\sigma_1' = \sigma_1 - \sigma_m, \qquad \sigma_2' = \sigma_2 - \sigma_m, \qquad \sigma_3' = \sigma_3 - \sigma_m \tag{4.31}$$

ここで，$\sigma_1, \sigma_2, \sigma_3$ は主応力であり，静水圧 σ_m は

$$\sigma_m = \frac{\sigma_{11} + \sigma_{22} + \sigma_{33}}{3} = \frac{\sigma_1 + \sigma_2 + \sigma_3}{3} = \frac{1}{3}J_1 \tag{4.32}$$

である．このとき，第 1 不変量，第 2 不変量，第 3 不変量の偏差成分はつぎのようになることを示せ．

$$J_1' = \sigma_{11}' + \sigma_{22}' + \sigma_{33}' = 0 \tag{4.33}$$

$$= \sigma_1' + \sigma_2' + \sigma_3' = 0 \tag{4.34}$$

$$J_2' = -(\sigma_{22}'\sigma_{33}' + \sigma_{33}'\sigma_{11}' + \sigma_{11}'\sigma_{22}') + \sigma_{23}^2 + \sigma_{31}^2 + \sigma_{12}^2 \tag{4.35}$$

$$= -(\sigma_1'\sigma_2' + \sigma_2'\sigma_3' + \sigma_3'\sigma_1') \tag{4.36}$$

$$= \frac{1}{2}\{(\sigma_1')^2 + (\sigma_2')^2 + (\sigma_3')^2\} \tag{4.37}$$

$$= \frac{1}{6}\{(\sigma_{11}' - \sigma_{22}')^2 + (\sigma_{22}' - \sigma_{33}')^2 + (\sigma_{33}' - \sigma_{11}')^2 + 6(\sigma_{12}^2 + \sigma_{23}^2 + \sigma_{31}^2)\} \tag{4.38}$$

$$= \frac{1}{2}\{(\sigma_{11}')^2 + (\sigma_{22}')^2 + (\sigma_{33}')^2 + 2(\sigma_{12}^2 + \sigma_{23}^2 + \sigma_{31}^2)\} \tag{4.39}$$

$$= \frac{1}{6}\{(\sigma_{11} - \sigma_{22})^2 + (\sigma_{22} - \sigma_{33})^2 + (\sigma_{33} - \sigma_{11})^2 + 6(\sigma_{12}^2 + \sigma_{23}^2 + \sigma_{31}^2)\} \tag{4.40}$$

$$= \frac{1}{6}\{(\sigma_1 - \sigma_2)^2 + (\sigma_2 - \sigma_3)^2 + (\sigma_3 - \sigma_1)^2\} \tag{4.41}$$

$$= \frac{1}{3}(J_1^2 + 3J_2) \tag{4.42}$$

$$J_3' = \sigma_1'\sigma_2'\sigma_3' \tag{4.43}$$

$$= \frac{1}{27}(2J_1^3 + 9J_1 J_2 + 27J_3) \tag{4.44}$$

第5章 多軸応力状態の降伏条件と降伏曲面

本章では，多軸応力状態にある材料の降伏条件について説明する．降伏条件には，トレスカの降伏条件とミーゼスの降伏条件がある．トレスカの降伏条件は，求め方が簡単なために機械設計でよく用いられる．一方，ミーゼスの降伏条件は，トレスカの降伏条件に比べて求め方がやや複雑であるが，さまざまな材料が示す降伏応力とよく一致することが知られている．ミーゼスの降伏条件における相当応力は，多軸応力状態の応力成分を単軸応力状態のそれに置き換えるために便利な指標である．

5.1 トレスカの降伏条件

第1章で説明したように，引張荷重を受ける平板が降伏点に達すると，引張荷重の方向に対して 45° 方向にすべり面が生じる．一方，第4章では，主応力軸の方向と最大すべり面のなす角は 45° であることを述べた（式 (4.11)）．よって，引張荷重が作用する方向と主応力軸のそれは一致しているから，**最大すべり面ですべりが発生する現象と降伏現象は対応している**ものと類推される．**トレスカの降伏条件**（Tresca yield criterion）は，このような実験事実に基づいて提案されたものである．すべり面ですべりが生じるせん断応力を k とおいて，このせん断応力は**臨界せん断応力**（critical shear stress）とよばれる．トレスカの降伏条件とは，式 (4.12) により主応力差が

$$\sigma_1 - \sigma_2 = 2\tau_1 = 2k \tag{5.1}$$

になったらすべりが発生する，すなわち降伏する，というものである．単軸応力

$$\sigma_1 = \sigma_y, \qquad \sigma_2 = 0 \tag{5.2}$$

を式 (5.1) に代入すると，

$$\sigma_y = 2k \tag{5.3}$$

となる．よって，式 (5.1) は，単軸応力状態の降伏条件との比較から

$$\sigma_1 - \sigma_2 = \sigma_y \tag{5.4}$$

という関係が得られる．これから，**2次元問題において主応力差が降伏応力になった
ら降伏する**ことがわかる．これがトレスカの降伏条件である．

3次元問題において，トレスカの降伏条件は，主応力を $(\sigma_1, \sigma_2, \sigma_3)$ とし，たとえば
その最大値を σ_1，最小値を σ_2 とすれば，つぎのようになる．

$$\sigma_1 - \sigma_2 = \sigma_y \tag{5.5}$$

トレスカの降伏条件の理解を深めるために，図5.1に示す直
方体について考えてみよう．各面には，それと垂直な方向に
垂直応力が作用している．このとき，この直方体が降伏する
条件（トレスカの降伏条件）を求めてみる．そのために，それ
ぞれの面に作用している垂直応力の大小関係を，つぎのよう
に場合分けすればよい．

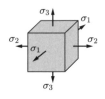

図5.1 垂直応力を
受ける直方体

① $\sigma_1 > \sigma_2 > \sigma_3$ ならば，$\sigma_1 - \sigma_3 = \sigma_y$

② $\sigma_2 > \sigma_3 > \sigma_1$ ならば，$\sigma_2 - \sigma_1 = \sigma_y$

③ $\sigma_3 > \sigma_1 > \sigma_2$ ならば，$\sigma_3 - \sigma_2 = \sigma_y$

④ $\sigma_1 = \sigma_2 = \sigma_3$ ならば，$\sigma_1 - \sigma_2 = 0, \sigma_2 - \sigma_3 = 0, \sigma_3 - \sigma_1 = 0$ となって，降
  伏しない．

④は，1.4節で述べた塑性の特性における (2) 静水圧の非依存性に対応している．

アンリ・トレスカ（Henri Édouard Tresca）1814〜1885
フランスの工学者．フランス国立工芸院教授．弾性と塑性
の性質について実験的な研究を行い，トレスカの降伏条件を発見し
た．エッフェル塔に名前が刻まれた**72**名の著名なフランス科学者
のひとりである．この時代にサグラダファミリアの建設が開始され，
伊藤博文がヨーロッパ視察に行っている．

5.2 ミーゼスの降伏条件

トレスカの降伏条件は，主応力 $(\sigma_1, \sigma_2, \sigma_3)$ のうち最大値と最小値の差が降伏応力 σ_y
に一致したら降伏するというものであった．このとき，主応力の中間値は降伏条件に
は考慮されていなかった．これに対して，ミーゼスの降伏条件は，以下のような方法

ですべての主応力の値を降伏条件に反映したものである.

物体のある点に蓄えられているひずみエネルギー密度 $\overline{U}$ は,主応力と主ひずみの積により求められ,

$$\overline{U} = \frac{1}{2}\left(\sigma_1\varepsilon_1 + \sigma_2\varepsilon_2 + \sigma_3\varepsilon_3\right) \tag{5.6}$$

のように表される.ここで,6.1 節で学ぶことになる一般化されたフックの法則

$$\left.\begin{array}{l} \varepsilon_1 = \dfrac{1}{E}\left\{\sigma_1 - \nu(\sigma_2 + \sigma_3)\right\} \\[2mm] \varepsilon_2 = \dfrac{1}{E}\left\{\sigma_2 - \nu(\sigma_1 + \sigma_3)\right\} \\[2mm] \varepsilon_3 = \dfrac{1}{E}\left\{\sigma_3 - \nu(\sigma_1 + \sigma_2)\right\} \end{array}\right\} \tag{5.7}$$

を利用し,これを式 (5.6) に代入すれば,

$$\overline{U} = \frac{1}{2E}\left\{\sigma_1^2 + \sigma_2^2 + \sigma_3^2 - 2\nu\left(\sigma_1\sigma_2 + \sigma_2\sigma_3 + \sigma_3\sigma_1\right)\right\} \tag{5.8}$$

となる.ここで,主応力が静水圧 p にすべて等しく,$\sigma_1 = \sigma_2 = \sigma_3 = p$ とすれば,静水圧により物体に蓄えられたひずみエネルギー密度 $\overline{U}_v$ は,式 (5.8) より次式のように表せる.

$$\overline{U}_v = \frac{3(1 - 2\nu)}{2E}\,p^2 \tag{5.9}$$

ところで,静水圧は

$$p = \frac{\sigma_1 + \sigma_2 + \sigma_3}{3} \tag{5.10}$$

であるから,式 (5.9) は次式となる.

$$\overline{U}_v = \frac{1 - 2\nu}{6E}\left(\sigma_1 + \sigma_2 + \sigma_3\right)^2 \tag{5.11}$$

よって,塑性変形に寄与するひずみエネルギー密度 $\overline{U}_d$(**偏差ひずみエネルギー密度**(deviatoric strain energy density))は,つぎのように,物体に蓄えられたひずみエネルギー密度 $\overline{U}$ から静水圧により物体に蓄えられたひずみエネルギー密度 $\overline{U}_v$ を差し引いて得られる.

$$\overline{U}_d \quad \overline{U} - \overline{U}_v = \frac{1 + \nu}{6E}\left\{(\sigma_1 - \sigma_2)^2 + (\sigma_2 - \sigma_3)^2 + (\sigma_3 - \sigma_1)^2\right\} \tag{5.12}$$

一方,単軸応力状態で降伏することを仮定すると,

$$\sigma_1 = \sigma_y, \qquad \sigma_2 = 0, \qquad \sigma_3 = 0 \tag{5.13}$$

であるから，これを式 (5.12) に代入すると次式となる．

$$\overline{U}_d = \frac{1+\nu}{3E}\,\sigma_y^2 \tag{5.14}$$

式 (5.12) による多軸応力状態の偏差ひずみエネルギー密度が，単軸応力状態のそれ（式 (5.14)）に等しいときに降伏すると考えれば，

$$\frac{1+\nu}{3E}\sigma_y^2 = \frac{1+\nu}{6E}\left\{(\sigma_1-\sigma_2)^2 + (\sigma_2-\sigma_3)^2 + (\sigma_3-\sigma_1)^2\right\} \tag{5.15}$$

となる．よって，

$$\sigma_y = \sqrt{\frac{1}{2}\left\{(\sigma_1-\sigma_2)^2 + (\sigma_2-\sigma_3)^2 + (\sigma_3-\sigma_1)^2\right\}} \tag{5.16}$$

となる．ここで，

$$\overline{\sigma} = \sqrt{\frac{1}{2}\left\{(\sigma_1-\sigma_2)^2 + (\sigma_2-\sigma_3)^2 + (\sigma_3-\sigma_1)^2\right\}} \tag{5.17}$$

とおいて，これは**相当応力**（equivalent stress）とよばれる．そして，相当応力が降伏応力に一致したとき降伏したとする．これが**ミーゼスの降伏条件**（von Mises yield criterion）であり，次式で表される．

$$\overline{\sigma} = \sigma_y \tag{5.18}$$

式 (5.17) は非常に重要である．それは，**多軸応力状態におかれているとき，式 (5.17) にそれらの応力値を代入することで，それと等価な単軸応力状態の値が得られる**からである．ただし，相当応力はつねに**正**であるから，応力が引張と圧縮のどちらの状態にあるのかはわからないことに注意しなければならない．

ここで，第 4 章で示した第 2 不変量の偏差成分

$$J_2' = \frac{1}{6}\left\{(\sigma_1-\sigma_2)^2 + (\sigma_2-\sigma_3)^2 + (\sigma_3-\sigma_1)^2\right\} \tag{4.41}$$

と式 (5.16) を比較すると，

$$\sigma_y = \sqrt{3J_2'} \tag{5.19}$$

のような関係となる．よって，ミーゼスの降伏条件は，第 2 不変量の偏差成分を用いて式 (5.19) のように表すこともできる．この関係と式 (4.40) を利用すれば，一般の応力成分 σ_{ij} $(i, j = 1, 2, 3)$ で相当応力はつぎのように表せる．

$$\overline{\sigma} \equiv \sqrt{\frac{1}{2}\left\{(\sigma_{11}-\sigma_{22})^2 + (\sigma_{22}-\sigma_{33})^2 + (\sigma_{33}-\sigma_{11})^2 + 6(\sigma_{12}^2 + \sigma_{23}^2 + \sigma_{31}^2)\right\}} \tag{5.20}$$

リヒャルト・フォン・ミーゼス（Richard von Mises）
1883〜1953 （写真：Konrad Jacobs/MFO/CC BY-SA 2.0 DE）

元オーストリア・ハンガリー出身の工学者．研究分野は流体力学，空気力学，航空工学，確率論と幅が広いことで知られる．第一次世界大戦中は航空機の操縦士であった．1919 年にベルリン大学で応用数学研究所に勤務し，塑性力学の研究を進めた．ミーゼスの降伏条件はこのときに考えられた．その後，アメリカ ハーバード大学へ移った．

5.3 ▷ 平面応力状態の降伏曲面

平面応力状態の降伏条件について考えてみる．このとき，主応力が $\sigma_1, \sigma_2, \sigma_3 \, (= 0)$ とすれば，トレスカの降伏条件についてすべての条件を書き出すとつぎのようになる．

① $\sigma_1 > 0 > \sigma_2$ のとき，$\sigma_1 - \sigma_2 = \sigma_y$

② $\sigma_2 > 0 > \sigma_1$ のとき，$\sigma_2 - \sigma_1 = \sigma_y$

③ $\sigma_1 > \sigma_2 > 0$ のとき，$\sigma_1 = \sigma_y$

④ $\sigma_2 > \sigma_1 > 0$ のとき，$\sigma_2 = \sigma_y$

⑤ $0 > \sigma_2 > \sigma_1$ のとき，$\sigma_1 = -\sigma_y$

⑥ $0 > \sigma_1 > \sigma_2$ のとき，$\sigma_2 = -\sigma_y$

これらの条件は図 5.2 のようにまとめられる．これは**トレスカの降伏曲面**（Tresca yield surface）とよばれる．応力状態が，この六角形内にあるときは弾性状態であり，実線上に達すると降伏することを表す．

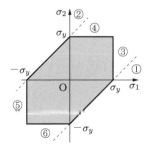

図 5.2 トレスカの降伏曲面

つぎにミーゼスの降伏条件について考える．トレスカの降伏条件と同様に，主応力が σ_1, σ_2, σ_3 ($= 0$) とすれば，式 (5.17) と式 (5.18) から，

$$\sigma_1^2 - \sigma_1\sigma_2 + \sigma_2^2 = \sigma_y^2 \tag{5.21}$$

となる．ここで，σ_1, σ_2 軸を反時計回りに $45°$ 回転した直交座標系を X, Y とすると，式 (5.21) は

$$\left\{ \begin{matrix} \sigma_1 \\ \sigma_2 \end{matrix} \right\} = \begin{bmatrix} \cos\dfrac{\pi}{4} & -\sin\dfrac{\pi}{4} \\ \sin\dfrac{\pi}{4} & \cos\dfrac{\pi}{4} \end{bmatrix} \left\{ \begin{matrix} X \\ Y \end{matrix} \right\} \tag{5.22}$$

のようになり，これにより，

$$\sigma_1 = \frac{X - Y}{\sqrt{2}}, \qquad \sigma_2 = \frac{X + Y}{\sqrt{2}} \tag{5.23}$$

であるから，式 (5.21) に代入して

$$X^2 + 3Y^2 = 2\sigma_y^2 \tag{5.24}$$

を得る．これはよく知られた楕円の方程式である．この式を

$$\left(\frac{X}{\sqrt{2}\,\sigma_y} \right)^2 + \left(\frac{Y}{\sqrt{2/3}\,\sigma_y} \right)^2 = 1 \tag{5.25}$$

のようにまとめれば，主応力軸から $45°$ 傾いた長軸の半長さ $\sqrt{2}\,\sigma_y$ と短軸の半長さ $\sqrt{2/3}\,\sigma_y$ の楕円形であることがわかる．これを図 5.3 に示す．これは**ミーゼスの降伏曲面**（von Mises yield surface）とよばれる．応力状態がこの楕円形内にあるときは弾性状態であり，実線上に達すると降伏する．図にはトレスカの降伏曲面（破線）もあわせて示してある．トレスカの降伏曲面は，ミーゼスの降伏曲面に内接している．

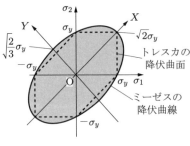

図 5.3　ミーゼスの降伏曲面

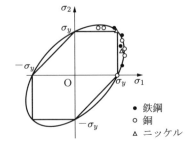

図 5.4　降伏曲面の実験結果

　実際の金属材料に対して，どの降伏曲面が適切なのか明らかにするために，これまでに多軸応力状態となるよう試験片に負荷して実験が行われている．通常，試験片には中空円柱試験片が用いられ，これに引張荷重とねじりモーメントを負荷することで多軸応力状態が再現される．また，曲げモーメントとねじりモーメントを負荷する試験，引張荷重と内圧を負荷する試験が行われる場合もある．最近では，十字型試験片に対して互いに直交する方向に引張荷重を作用させ，引張荷重の比率を変えることで降伏曲面が調べられている．

　この実験により得られた結果[†]を図 5.4 に示す．図には，鉄鋼（●），銅（○），ニッケル（△）がプロットされている．図から，いずれの材料においてもおおよそトレスカの降伏条件とミーゼスの降伏条件の間にプロットされていることがわかる．これまでに報告されたさまざまな研究成果によれば，多くの材料においてミーゼスの降伏条件が近いようである．ただし，数学的な扱いが複雑となるため，機械設計に際してはトレスカの降伏条件が選択される．

　トレスカとミーゼスの降伏条件の違いをさらに理解するために，図 5.5 に示すように長方形平板に垂直応力が作用している問題について考える．図に示すように各辺には垂直応力 $\sigma_1, \sigma_2, \sigma_3 (= 0)$ が作用しているものとする．なお，σ_3 は紙面に垂直方向の垂直応力とする．このとき，図 5.6 に示すように応力空間において経路 A，B，C，D に沿って垂直応力を作用させてみることにする．

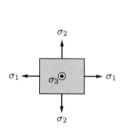

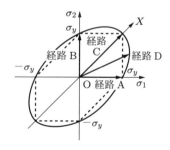

図 5.5　平板に作用させた垂直応力　　**図 5.6**　異なる 4 経路による負荷

(1) 経路 A：単軸引張り

　図 5.6 に示す経路 A に沿って平板に垂直応力を作用させると，そのときの降伏条件は，トレスカ，ミーゼスの降伏条件ともに等しく，次式となる．

$$\sigma_1 = \sigma_y \tag{5.26}$$

†　S. H. Crandall, N. C. Dahl and T. J. Lardner, "An Introduction to The Mechanics and Solids", McGraw-Hill Kogakusha, Ltd., 1978, pp.315, Fig.5.29.

(2) 経路 B：単軸引張り

図 5.6 に示す経路 B に沿って平板に垂直応力を作用させると，そのときの降伏条件は，トレスカ，ミーゼスの降伏条件ともに等しく，次式となる．

$$\sigma_2 = \sigma_y \tag{5.27}$$

(3) 経路 C：等二軸引張り

図 5.6 に示す経路 C に沿って平板に垂直応力を作用させると，そのときの降伏条件は，トレスカ，ミーゼスの降伏条件ともに等しく，次式となる．

$$\sigma_1 = \sigma_2 = \sigma_y \tag{5.28}$$

(4) 経路 D：二軸引張り

σ_1 と σ_2 の比率

$$\sigma_2 = m\sigma_1 \quad (0 < m < 1)$$

のもとで，図 5.6 に示す経路 D に沿って平板に垂直応力を作用させると，そのときのトレスカの降伏条件は

$$\sigma_1 - 0 = \sigma_y$$

となり，降伏条件はつぎのようになる．

$$\sigma_1 = \sigma_y \tag{5.29}$$

一方，ミーゼスの降伏条件は

$$\sigma_1^2 - m\sigma_1^2 + (m\sigma_1)^2 = \sigma_y^2$$

となり，降伏条件はつぎのようになる．

$$\sigma_1 = \frac{1}{\sqrt{1 + m^2 - m}}\,\sigma_y \tag{5.30}$$

たとえば，$m = 0.5$ とすれば，

$$\sigma_1 = 1.1547\sigma_y, \qquad \sigma_2 = 0.5773\sigma_y$$

のようになり，任意の二軸引張りを平板が受けるとき，トレスカとミーゼスの降伏条件により，結果が異なることがわかる．

5.4 ▶ 弾塑性変形と降伏曲面

▶5.4.1 初期降伏曲面

これまでに説明した降伏条件をまとめておこう．平面問題 $(\sigma_1 > \sigma_3 = 0 > \sigma_2)$ におけるトレスカの降伏条件は

$$\sigma_1 - \sigma_2 = \sigma_y$$

一方，ミーゼスの降伏条件は

$$\sigma_1^2 - \sigma_1\sigma_2 + \sigma_2^2 = \sigma_y^2$$

であった．これらの式をそれぞれつぎのように変形してみる．

$$\text{式 (5.5)} \quad f(\sigma_1, \sigma_2) = |\sigma_1 - \sigma_2| - \sigma_y = 0 \tag{5.31}$$

$$\text{式 (5.21)} \quad f(\sigma_1, \sigma_2) = \sqrt{\sigma_1^2 - \sigma_1\sigma_2 + \sigma_2^2} - \sigma_y = 0 \tag{5.32}$$

このようにすると，降伏条件は主応力を変数にもつ関数 $f(\sigma_1, \sigma_2)$ とみなせ，さらに，

$$f(\sigma_1, \sigma_2) < 0 \tag{5.33}$$

の条件を満足するときに弾性状態にあることになる．一方，

$$f(\sigma_1, \sigma_2) = 0 \tag{5.34}$$

の場合には降伏したと判断できる．そのため，関数 $f(\sigma_1, \sigma_2)$ は**降伏関数**（yield function）とよばれる．この様子を図5.7に示す．図は，ミーゼスの降伏条件を降伏関数としたときの曲面を示しており，実線は，**初期降伏曲面**（initial yield surface）とよばれる．

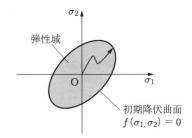

図 5.7 初期降伏曲面と降伏関数

▶5.4.2 降伏曲面と硬化則

1.2節で述べた応力 - ひずみ曲線と降伏曲面，あるいは降伏関数との関係について説明する．降伏曲面は，負荷あるいは除荷に伴って応力空間中を移動していく．このとき，この移動方法には，移動硬化則と等方硬化則の二つがある．

(1) 移動硬化則

　負荷に伴って応力状態が初期降伏曲面 $f(\sigma_1, \sigma_2) = 0$ に漸近し，一致したときに降伏する．その後の負荷において，初期降伏曲面の形状を保ちながらその中心が負荷した方向に沿って移動していく．これを**移動硬化則**（kinematic hardening rule）という．図 5.8 に移動硬化則による降伏曲面の移動と応力 - ひずみ曲線の関係を示す．図から，移動硬化則により，バウシンガー効果を表現できることがわかる．

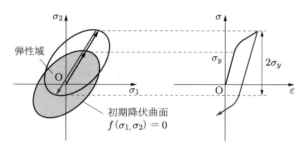

図 5.8　移動硬化則

　移動硬化則を考慮した降伏関数は，つぎのように表される．

$$f(\sigma_1 - \sigma_{10}, \sigma_2 - \sigma_{20}) = 0 \tag{5.35}$$

あるいは，より一般的な表現としてつぎのように表される．

$$f(\sigma_{ij} - \sigma_{ij0}) = 0 \tag{5.36}$$

よって，σ_{ij0} が降伏曲面の中心が移動する大きさを決める．降伏曲面の移動方法には，プラガーとチグラーが提案した二つのものがある．**プラガー**（W. Prager）は

$$\Delta\sigma_{ij0} = C\Delta\varepsilon_p \tag{5.37}$$

のように移動するものとした．ここで，$\Delta\varepsilon_p$ は塑性ひずみ成分の増分量であり，この成分の詳細は第 6 章の弾塑性構成式で詳しく説明していく．また，$\Delta\sigma_{ij0}$ は降伏曲面の中心の移動増分量，C は材料定数である．一方，**チグラー**（H. Ziegler）は

$$\Delta\sigma_{ij0} = \Delta C(\sigma_{ij} - \sigma_{ij0}) \tag{5.38}$$

のように移動するものとした．ここで，ΔC は材料定数である．

(2) 等方硬化則

　負荷に伴って応力状態が初期降伏曲面 $f(\sigma_1, \sigma_2) = 0$ に漸近し，一致したときに降伏する．その後の負荷において，降伏曲面の中心位置は初期降伏曲面のそれに一致

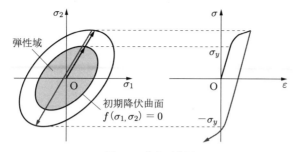

図 5.9　等方硬化則

したまま，その大きさが負荷した方向に膨張していくモデルを**等方硬化則**（isotropic hardening rule）という．図 5.9 に等方硬化則による降伏曲面の移動と応力 - ひずみ曲線の関係を示す．図から，等方硬化則により引張側と圧縮側でのひずみ硬化を表現できることがわかる．実際に描く応力 - ひずみ曲線は，移動硬化則と等方硬化則が混合したモデルにより表現できることが知られている．

等方硬化則を考慮した降伏関数は，たとえばミーゼスの降伏条件においてつぎのようになる．

$$f(\sigma_1, \sigma_2) = \sqrt{\sigma_1^2 - \sigma_1\sigma_2 + \sigma_2^2} - \sigma_y(\varepsilon_p) = 0 \tag{5.39}$$

ここで，$\sigma_y(\varepsilon_p)$ は降伏曲面が塑性ひずみに伴って変化することを表す．これにより，初期降伏曲面に対して負荷によりこの降伏曲面が塑性ひずみの大きさとともに膨張していくことになる．

演習問題

5.1　円柱座標系 (r, θ, z) において，軸対称問題におけるトレスカの降伏条件とミーゼスの降伏条件をそれぞれ示せ．

5.2　球座標系 (r, θ, φ) において，球対称問題におけるトレスカの降伏条件とミーゼスの降伏条件をそれぞれ示せ．

5.3　降伏応力 σ_y の材料で作られた薄肉円筒形状の圧力容器について考える．この圧力容器に内圧 p が作用しているとき，どの程度の内圧まで作用しても圧力容器が降伏しないかを答えよ．なお，薄肉円筒容器の形状は，内径 $2R$，肉厚 t，長さ l とする．

5.4　降伏応力 σ_y の材料で作られた薄肉球殻形状の圧力容器について考える．この壁面に内圧 p が作用しているとき，どの程度の内圧まで作用しても圧力容器が降伏しないかを答えよ．なお，圧力容器の形状は，内径 $2R$，肉厚 t とする．

第6章 弾塑性体の構成式

本章では，第1章で学んだ弾塑性体の構成式を多軸応力状態に拡張する．そのため，はじめに重ね合せの原理により一般化されたフックの法則を求める．つぎに一般化されたフックの法則に基づいて弾塑性構成式を示していく．これはプラントル–ロイスの構成式とよばれ，以降で扱われるさまざまな弾塑性問題の基礎式となるからしっかり理解してほしい．

6.1 一般化されたフックの法則

図 6.1 に示す直方体の各面に垂直応力 $\sigma_{11}, \sigma_{22}, \sigma_{33}$ が作用している状態について考える．このとき，直方体は弾性変形するものとすれば，垂直応力 σ_{11} のみ x_1 軸に垂直な面に作用しているとき，応力が作用する方向にその面が引張方向に，他の面は圧縮方向にそれぞれ変位する．それにより生じたひずみ成分はフックの法則 $\varepsilon = \sigma/E$ とポアソン比 ν の定義式（縦ひずみと横ひずみの比）から

$$\varepsilon_{11} = \frac{\sigma_{11}}{E}, \qquad \varepsilon_{22} = -\nu\varepsilon_{11} = -\nu\frac{\sigma_{11}}{E}, \qquad \varepsilon_{33} = -\nu\varepsilon_{11} = -\nu\frac{\sigma_{11}}{E} \tag{6.1}$$

となる．同様にして，垂直応力 σ_{22} のみ x_2 軸に垂直な面に作用している場合には

$$\varepsilon_{11} = -\nu\varepsilon_{22} = -\nu\frac{\sigma_{22}}{E}, \qquad \varepsilon_{22} = \frac{\sigma_{22}}{E}, \qquad \varepsilon_{33} = -\nu\varepsilon_{22} = -\nu\frac{\sigma_{22}}{E} \tag{6.2}$$

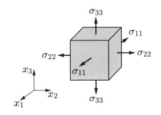

図 6.1 垂直応力を受ける直方体

となる．最後に，垂直応力 σ_{33} のみ x_3 軸に垂直な面に作用している場合には，次式となる．

$$\varepsilon_{11} = -\nu\varepsilon_{33} = -\nu\frac{\sigma_{33}}{E}, \qquad \varepsilon_{22} = -\nu\varepsilon_{33} = -\nu\frac{\sigma_{33}}{E}, \qquad \varepsilon_{33} = \frac{\sigma_{33}}{E}$$
$$(6.3)$$

　結局，すべての垂直応力が直方体の各面に同時に作用する場合，重ね合せの原理により

$$\left.\begin{aligned}
\varepsilon_{11} &= \frac{\sigma_{11}}{E} - \nu\frac{\sigma_{22}}{E} - \nu\frac{\sigma_{33}}{E}\\
\varepsilon_{22} &= -\nu\frac{\sigma_{11}}{E} + \frac{\sigma_{22}}{E} - \nu\frac{\sigma_{33}}{E}\\
\varepsilon_{33} &= -\nu\frac{\sigma_{11}}{E} - \nu\frac{\sigma_{22}}{E} + \frac{\sigma_{33}}{E}
\end{aligned}\right\}$$
$$(6.4)$$

となり，これはつぎのように整理できる．

$$\left.\begin{aligned}
\varepsilon_{11} &= \frac{1}{E}\left\{\sigma_{11} - \nu(\sigma_{22} + \sigma_{33})\right\}\\
\varepsilon_{22} &= \frac{1}{E}\left\{\sigma_{22} - \nu(\sigma_{11} + \sigma_{33})\right\}\\
\varepsilon_{33} &= \frac{1}{E}\left\{\sigma_{33} - \nu(\sigma_{11} + \sigma_{22})\right\}
\end{aligned}\right\}$$
$$(6.5)$$

これが**一般化されたフックの法則**（generalized Hooke's law）である．
　式 (6.5) の両辺について和をとってみると，

$$\varepsilon_{11} + \varepsilon_{22} + \varepsilon_{33} = \frac{1 - 2\nu}{E}(\sigma_{11} + \sigma_{22} + \sigma_{33})$$
$$(6.6)$$

となる．ここで，体積 V の直方体が垂直ひずみ $\varepsilon_{11}, \varepsilon_{22}, \varepsilon_{33}$ を受けることで以下の体積変化

$$\Delta V = (\varepsilon_{11} + \varepsilon_{22} + \varepsilon_{33})V$$

を生じることから（演習問題 1.1 参照），以下のように**体積ひずみ**（volumetric strain）を定義する．

$$e = \frac{\Delta V}{V} = \varepsilon_{11} + \varepsilon_{22} + \varepsilon_{33}$$
$$(6.7)$$

一方，静水圧

$$p = \frac{\sigma_{11} + \sigma_{22} + \sigma_{33}}{3}$$
$$(6.8)$$

により，式 (6.6) はつぎのようにまとめられる．

$$\frac{1}{3}e = \frac{1-2\nu}{E}p \tag{6.9}$$

つぎに，**偏差ひずみ**（deviatric strain）

$$\varepsilon'_{11} = \varepsilon_{11} - \frac{1}{3}e, \qquad \varepsilon'_{22} = \varepsilon_{22} - \frac{1}{3}e, \qquad \varepsilon'_{33} = \varepsilon_{33} - \frac{1}{3}e \tag{6.10}$$

を定義すると，一般化されたフックの法則はつぎのように書き換えられる．

$$\begin{aligned}
\varepsilon'_{11} &= \frac{1}{E}\left\{\sigma_{11} - \nu(\sigma_{22} + \sigma_{33})\right\} - \frac{1-2\nu}{E}p \\
&= \frac{1}{E}\left[(\sigma_{11} - p) - \nu\{(\sigma_{22} - p) + (\sigma_{33} - p)\}\right]
\end{aligned} \tag{6.11}$$

式 (1.11) ですでに定義している偏差応力

$$\sigma'_{11} = \sigma_{11} - p, \qquad \sigma'_{22} = \sigma_{22} - p, \qquad \sigma'_{33} = \sigma_{33} - p \tag{6.12}$$

により，式 (6.11) は

$$\varepsilon'_{11} = \frac{1}{E}\left\{\sigma'_{11} - \nu(\sigma'_{22} + \sigma'_{33})\right\} \tag{6.13}$$

となる．他の式についても同様にして得られて，偏差ひずみと偏差応力を用いて一般化されたフックの法則は

$$\left.\begin{aligned}
\varepsilon'_{11} &= \frac{1}{E}\left\{\sigma'_{11} - \nu(\sigma'_{22} + \sigma'_{33})\right\} \\
\varepsilon'_{22} &= \frac{1}{E}\left\{\sigma'_{22} - \nu(\sigma'_{11} + \sigma'_{33})\right\} \\
\varepsilon'_{33} &= \frac{1}{E}\left\{\sigma'_{33} - \nu(\sigma'_{11} + \sigma'_{22})\right\}
\end{aligned}\right\} \tag{6.14}$$

となる．ここで，偏差応力の和は，式 (4.33) より，

$$\sigma'_{11} + \sigma'_{22} + \sigma'_{33} = 0 \tag{6.15}$$

であるから，式 (6.15) を式 (6.14) に代入すると，

$$\varepsilon'_{11} = \frac{1+\nu}{E}\sigma'_{11} \quad \Rightarrow \quad \frac{1}{2G}\sigma'_{11} \tag{6.16}$$

となる．ここで，G は横弾性係数で，

$$G = \frac{E}{2(1+\nu)} \tag{6.17}$$

の関係式を利用した.

他の式についても同様にして得られ，次式のようになる.

$$\varepsilon'_{11} = \frac{1}{2G}\,\sigma'_{11}, \qquad \varepsilon'_{22} = \frac{1}{2G}\,\sigma'_{22}, \qquad \varepsilon'_{33} = \frac{1}{2G}\,\sigma'_{33} \tag{6.18}$$

これに加えて，せん断応力も次式となる.

$$\varepsilon_{12} = \frac{1}{2}\,\gamma_{12} = \frac{1}{2G}\,\sigma_{12}, \qquad \varepsilon_{23} = \frac{1}{2}\,\gamma_{23} = \frac{1}{2G}\,\sigma_{23}, \qquad \varepsilon_{31} = \frac{1}{2}\,\gamma_{31} = \frac{1}{2G}\,\sigma_{31} \tag{6.19}$$

なお，ある点での変位ベクトル (u_1, u_2, u_3) とすれば，ひずみ成分は変位とつぎのような関係にあることが知られている.

$$\left.\begin{array}{ll} \varepsilon_{11} = \dfrac{\partial u_1}{\partial x_1}, & \gamma_{12} = \dfrac{\partial u_1}{\partial x_2} + \dfrac{\partial u_2}{\partial x_1} \\[2mm] \varepsilon_{22} = \dfrac{\partial u_2}{\partial x_2}, & \gamma_{23} = \dfrac{\partial u_2}{\partial x_3} + \dfrac{\partial u_3}{\partial x_2} \\[2mm] \varepsilon_{33} = \dfrac{\partial u_3}{\partial x_3}, & \gamma_{31} = \dfrac{\partial u_3}{\partial x_1} + \dfrac{\partial u_1}{\partial x_3} \end{array}\right\} \tag{6.20}$$

式 (6.18) と式 (6.19) はつぎのようにまとめられる.

$$\frac{\varepsilon'_{11}}{\sigma'_{11}} = \frac{\varepsilon'_{22}}{\sigma'_{22}} = \frac{\varepsilon'_{33}}{\sigma'_{33}} = \frac{\varepsilon_{12}}{\sigma_{12}} = \frac{\varepsilon_{23}}{\sigma_{23}} = \frac{\varepsilon_{31}}{\sigma_{31}} = \frac{1}{2G} \tag{6.21}$$

これにより，偏差ひずみと偏差応力の比はつねに一定となり，その大きさは $1/(2G)$ である. 式 (6.21) のテンソル表示は

$$\frac{\varepsilon'_{ij}}{\sigma'_{ij}} = \frac{1}{2G}$$

となり，これは

$$\varepsilon'_{ij} = \frac{1}{2G}\,\sigma'_{ij} \tag{6.22}$$

と書かれる. さらに式 (6.9) を考慮して，式 (6.22) は

$$\varepsilon_{ij} = \frac{1}{2G}\,\sigma'_{ij} + \frac{1-2\nu}{E}\,p\delta_{ij} \tag{6.23}$$

であり，δ_{ij} はクロネッカーのデルタである.

$$\delta_{ij} = \begin{cases} 1 & (i = j) \\ 0 & (i \neq j) \end{cases} \tag{6.24}$$

また，偏差ひずみと偏差応力は次式のとおりである．

$$\varepsilon'_{ij} = \varepsilon_{ij} - \frac{1}{3}\, e\delta_{ij}, \qquad \sigma'_{ij} = \sigma_{ij} - p\delta_{ij} \tag{6.25}$$

6.2　線形問題と非線形問題

　応力‐ひずみ曲線において，降伏応力に達するまでひずみとともに応力は線形に増加していくが，降伏応力を超えるとひずみに対して応力は非線形に変化することはすでに第1章で述べた．このとき，弾性状態にある物体の応力場を求める問題は**線形問題**（linear problem），降伏応力を超えた状態にある物体の応力場を求める問題は**非線形問題**（nonlinear problem）とよばれる．ここでは，これらの問題の解法について触れておく．

▶6.2.1　線形問題の解法

　二つの異なるひずみが作用すると，それに応じて応力が生じる．このとき，ひずみと応力の比は，すでに式 (6.21) でみてきたように，弾性係数の逆数に従って変化する．よって，ひずみと応力の値が異なっても，それらの比はつねに一定である．線形問題はこのことを利用して解かれる．すなわち，図 6.2 (a) に示すように，ひずみが与えられれば，比を乗じることで応力を一意に求めることができる．

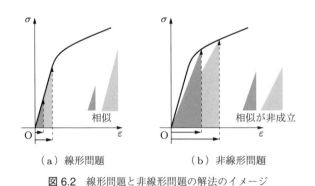

（a）線形問題　　　　　　（b）非線形問題

図 6.2　線形問題と非線形問題の解法のイメージ

▶6.2.2　非線形問題の解法

　線形問題と同様に二つの異なるひずみが作用すると，それに応じた応力が生じる．しかし，それらのひずみと応力の比が異なることは図 6.2 (b) から容易に理解できる．このようにひずみの大きさに応じてひずみと応力の比が異なると，線形問題のように単純には問題を解くことができない．

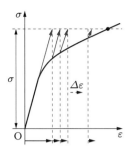

図 6.3 増分計算による非線形問題の解法の説明図

そこで，非線形問題は図 6.3 に示すように解かれる．物体中でのある応力値が図 6.3 中の ● で示されるようにあらかじめわかっているものとする．そのときのひずみ値を求めるものとしよう．そのために，ひずみを分割し，その刻み量（増分量）を増やしながら正解に近づいていくよう計算を進めていく．このように逐次計算により問題の正解に近づいていく方法は，**増分計算**（incremental calculation）とよばれる．図では，ひずみゼロから計算を始めている．応力を弾性係数で割ることでひずみ値を求める．このひずみ値から応力 - ひずみ曲線での応力を求める．この応力があらかじめわかっている応力値と異なっている場合（この差を応力誤差とよぶ）には，弾性係数で応力差を割ってひずみ増分量 $\Delta \varepsilon$ を求める．これを先の値に加えてつぎのステップでのひずみ値を計算する．このひずみ値からふたたび応力 - ひずみ曲線での応力を求める．そして，応力誤差がどの程度小さくなったかを確認する．応力誤差がある場合には，先に説明したのと同様の手順でひずみ増分量を求め，先のひずみ値にこの増分量を加えてつぎのステップでのひずみ値とする．これを応力誤差が許容できる範囲に収まるまで繰り返していく．このような非線形問題の解法は，**修正ニュートン・ラフソン法**（modified Newton–Raphson method）とよばれる．

ここで説明した方法は非線形問題の解法の一例であり，この他にも多数の解法があるから興味があれば数値解析法を調べてもらいたい[†]．いずれにしても，非線形問題は，増分計算をする必要がある．このため，以下に構成方程式を増分表示する方法について説明する．

[†] 鷲津久一郎，宮本博，山田嘉昭，山本善之，川井忠彦，「有限要素法ハンドブック I 基礎編」，培風館，1981，pp.53–184.

6.3 プラントル‐ロイスの構成式

▶ 6.3.1 ひずみ増分表示

弾塑性問題の構成式に対する増分表示を以下に示していく．全ひずみ，弾性ひずみ，塑性ひずみの間には，式 (1.5) より以下の関係が成り立つ．

$$\varepsilon_{ij}^T = \varepsilon_{ij}^e + \varepsilon_{ij}^p \tag{6.26}$$

ここで，式 (6.26) では応力が作用する面と方向 i, j を下添字で示す必要があるため，式 (1.5) では下添字であった T, e, p を上添字にしたことに注意してほしい．右辺の第 1 項は弾性ひずみ成分であるから，線形問題として扱うことができるため増分表示する必要はない．一方，第 2 項は塑性ひずみ成分であるから，非線形問題で述べたひずみ増分量として扱う必要がある．このため，式 (6.26) をつぎのように表す．

$$\Delta \varepsilon_{ij}^T = \varepsilon_{ij}^e + \Delta \varepsilon_{ij}^p \tag{6.27}$$

さらに，上式の両辺から $(1/3)\, e\delta_{ij}$ を差し引くことで，

$$\Delta \varepsilon_{ij}^T - \frac{1}{3}\, e\delta_{ij} = \varepsilon_{ij}^e - \frac{1}{3}\, e\delta_{ij} + \Delta \varepsilon_{ij}^p \tag{6.28}$$

となる．左辺と右辺の第 1, 2 項をまとめたものは偏差ひずみであり，つぎのように表せる．

$$\Delta \varepsilon_{ij}^{T\prime} = \varepsilon_{ij}^{e\prime} + \Delta \varepsilon_{ij}^p \tag{6.29}$$

ここで，偏差ひずみであることを表すために上添字にプライムをつけている．

先に得ている一般化されたフックの法則（式 (6.21)）

$$\frac{\varepsilon_{11}^{e\prime}}{\sigma_{11}^{\prime}} = \frac{\varepsilon_{22}^{e\prime}}{\sigma_{22}^{\prime}} = \frac{\varepsilon_{33}^{e\prime}}{\sigma_{33}^{\prime}} = \frac{\varepsilon_{12}^e}{\sigma_{12}} = \frac{\varepsilon_{23}^e}{\sigma_{23}} = \frac{\varepsilon_{31}^e}{\sigma_{31}} = \frac{1}{2G} \tag{6.21}$$

を利用する．ただし，ひずみ成分はすべて弾性ひずみであるから，上添字に e を追加している．ここでは，この応力とひずみの比が一定である，という関係を利用する．すなわち，弾性ひずみ成分を全ひずみ成分に置き換える．これにより，比 $1/(2G)$ の大きさは一定でなくなる．よって，

$$\frac{\Delta \varepsilon_{11}^{T\prime}}{\sigma_{11}^{\prime}} = \frac{\Delta \varepsilon_{22}^{T\prime}}{\sigma_{22}^{\prime}} = \frac{\Delta \varepsilon_{33}^{T\prime}}{\sigma_{33}^{\prime}} = \frac{\Delta \varepsilon_{12}^T}{\sigma_{12}} = \frac{\Delta \varepsilon_{23}^T}{\sigma_{23}} = \frac{\Delta \varepsilon_{31}^T}{\sigma_{31}} \tag{6.30}$$

となる．この関係式に式 (6.29) を代入すると，

$$\frac{\varepsilon_{11}^{e'} + \Delta\varepsilon_{11}^p}{\sigma_{11}'} = \frac{\varepsilon_{22}^{e'} + \Delta\varepsilon_{22}^p}{\sigma_{22}'} = \frac{\varepsilon_{33}^{e'} + \Delta\varepsilon_{33}^p}{\sigma_{33}'} = \frac{\varepsilon_{12}^e + \Delta\varepsilon_{12}^p}{\sigma_{12}} = \frac{\varepsilon_{23}^e + \Delta\varepsilon_{23}^p}{\sigma_{23}}$$
$$= \frac{\varepsilon_{31}^e + \Delta\varepsilon_{31}^p}{\sigma_{31}} \tag{6.31}$$

となり，ふたたび式 (6.21) により，

$$\frac{1}{2G} + \frac{\Delta\varepsilon_{11}^p}{\sigma_{11}'} = \frac{1}{2G} + \frac{\Delta\varepsilon_{22}^p}{\sigma_{22}'} = \frac{1}{2G} + \frac{\Delta\varepsilon_{33}^p}{\sigma_{33}'} = \frac{1}{2G} + \frac{\Delta\varepsilon_{12}^p}{\sigma_{12}}$$
$$= \frac{1}{2G} + \frac{\Delta\varepsilon_{23}^p}{\sigma_{23}} = \frac{1}{2G} + \frac{\Delta\varepsilon_{31}^p}{\sigma_{31}} \tag{6.32}$$

と変形できて，以上により，

$$\frac{\Delta\varepsilon_{11}^p}{\sigma_{11}'} = \frac{\Delta\varepsilon_{22}^p}{\sigma_{22}'} = \frac{\Delta\varepsilon_{33}^p}{\sigma_{33}'} = \frac{\Delta\varepsilon_{12}^p}{\sigma_{12}} = \frac{\Delta\varepsilon_{23}^p}{\sigma_{23}} = \frac{\Delta\varepsilon_{31}^p}{\sigma_{31}} \equiv \Delta\lambda \tag{6.33}$$

のような比例関係式が得られる．ここでは，この比を**比例係数** $\Delta\lambda$ とおいている．
式 (6.33) のテンソル表示は次式のようになる．

$$\frac{\Delta\varepsilon_{ij}^p}{\sigma_{ij}'} = \Delta\lambda \quad \Rightarrow \quad \Delta\varepsilon_{ij}^p = \sigma_{ij}'\Delta\lambda \tag{6.34}$$

よって，塑性ひずみ増分は，偏差応力に比例することがわかる．以上により，増分表
示による構成方程式は次式となる．

$$\Delta\varepsilon_{ij}^T = \varepsilon_{ij}^e + \sigma_{ij}'\Delta\lambda \tag{6.35}$$

これは**プラントル - ロイスの構成式**（Prandtl-Reuss constitutive equation）とよば
れる．

▶ 6.3.2 比例係数

本項では，式 (6.33) の比例係数 $\Delta\lambda$ を求める．なお，式展開を容易にするために，以
降では応力成分とひずみ成分を主応力と主ひずみに置き換えて考えていくことにする．

比例係数の導入に先立ち，それに必要となる相当応力 $\bar{\sigma}$ を以下に示す．第 5 章で示
したように，主応力 $\sigma_1, \sigma_2, \sigma_3$ により相当応力はつぎのように表される．

$$\bar{\sigma} = \sqrt{\frac{1}{2}\left\{(\sigma_1 - \sigma_2)^2 + (\sigma_2 - \sigma_3)^2 + (\sigma_3 - \sigma_1)^2\right\}} \tag{5.17}$$

また，偏差応力により相当応力はつぎのようになる．

$$\bar{\sigma} = \sqrt{\frac{3}{2}\left\{(\sigma_1')^2 + (\sigma_2')^2 + (\sigma_3')^2\right\}} \tag{6.36}$$

つぎに，相当塑性ひずみの増分量について考える．はじめに，塑性変形においてなされた仕事を計算する．塑性仕事増分は，応力成分と塑性ひずみ増分の積により表されて，

$$\Delta W^p = \sigma_1 \Delta \varepsilon_1^p + \sigma_2 \Delta \varepsilon_2^p + \sigma_3 \Delta \varepsilon_3^p \tag{6.37}$$

となる．これを偏差応力成分で置き換えると，

$$\Delta W^p = \sigma_1' \Delta \varepsilon_1^p + \sigma_2' \Delta \varepsilon_2^p + \sigma_3' \Delta \varepsilon_3^p + p(\Delta \varepsilon_1^p + \Delta \varepsilon_2^p + \Delta \varepsilon_3^p) \tag{6.38}$$

となる．ここで，体積一定則 $\Delta \varepsilon_1^p + \Delta \varepsilon_2^p + \Delta \varepsilon_3^p = 0$ により，式 (6.38) の右辺は

$$\Delta W^p = \sigma_1' \Delta \varepsilon_1^p + \sigma_2' \Delta \varepsilon_2^p + \sigma_3' \Delta \varepsilon_3^p \tag{6.39}$$

となる．さらに，以下のような偏差応力ベクトルと塑性ひずみ増分ベクトル

$$\boldsymbol{\sigma}' = \begin{Bmatrix} \sigma_1' \\ \sigma_2' \\ \sigma_3' \end{Bmatrix}, \qquad \Delta \boldsymbol{\varepsilon}^p = \begin{Bmatrix} \Delta \varepsilon_1^p \\ \Delta \varepsilon_2^p \\ \Delta \varepsilon_3^p \end{Bmatrix} \tag{6.40}$$

を導入しておく．これにより，塑性仕事増分式 (6.39) は，

$$\Delta W^p = \boldsymbol{\sigma}'^\mathsf{T} \cdot \Delta \boldsymbol{\varepsilon}^p \tag{6.41}$$

のように偏差応力ベクトルと塑性ひずみ増分ベクトルの内積として表すことができる．ここで，添字 T は転置を表すことに注意する．偏差応力ベクトルと塑性ひずみ増分ベクトルが互いに平行であるものとすれば，

$$\Delta W^p = |\boldsymbol{\sigma}'| \times |\Delta \boldsymbol{\varepsilon}^p| \tag{6.42}$$

となる．ここで，

$$|\boldsymbol{\sigma}'| = \sqrt{(\sigma_1')^2 + (\sigma_2')^2 + (\sigma_3')^2} \tag{6.43}$$

と

$$|\Delta \boldsymbol{\varepsilon}^p| = \sqrt{(\Delta \varepsilon_1^p)^2 + (\Delta \varepsilon_2^p)^2 + (\Delta \varepsilon_3^p)^2} \tag{6.44}$$

である．式 (6.43) を相当応力（式 (6.36)）に一致させるために

$$\sqrt{\frac{2}{3}}\, \overline{\sigma} = |\boldsymbol{\sigma}'| \tag{6.45}$$

とおくと，式 (6.42) は

$$\Delta W^p = \sqrt{\frac{2}{3}}\,\overline{\sigma} \times |\Delta \boldsymbol{\varepsilon}^p| \tag{6.46}$$

となる．さらに，$\sqrt{2/3}$ と $|\Delta \boldsymbol{\varepsilon}^p|$ をまとめ，これを $\Delta \overline{\varepsilon}^p$ とおくと，

$$\Delta W^p = \overline{\sigma}\Delta \overline{\varepsilon}^p$$

となる．$\Delta \overline{\varepsilon}^p$ は**相当塑性ひずみ増分** (equivalent plastic strain increment) とよばれ，

$$\Delta \overline{\varepsilon}^p = \sqrt{\frac{2}{3}\left\{(\Delta\varepsilon_1^p)^2 + (\Delta\varepsilon_2^p)^2 + (\Delta\varepsilon_3^p)^2\right\}} \tag{6.47}$$

のように表される．

相当塑性ひずみ増分を一般のひずみ成分により表すには，式 (6.39) から

$$\sigma_1' \quad \Leftrightarrow \quad \Delta\varepsilon_1^p, \qquad \sigma_2' \quad \Leftrightarrow \quad \Delta\varepsilon_2^p, \qquad \sigma_3' \quad \Leftrightarrow \quad \Delta\varepsilon_3^p$$

のように対比させ，式 (4.37) と式 (4.39) から

$$(\sigma_1')^2 + (\sigma_2')^2 + (\sigma_3')^2 = (\sigma_{11}')^2 + (\sigma_{22}')^2 + (\sigma_{33}')^2 + 2(\sigma_{12}^2 + \sigma_{23}^2 + \sigma_{31}^2) \tag{6.48}$$

とし，

$$\sigma_{11}' \quad \Leftrightarrow \quad \Delta\varepsilon_{11}^p, \qquad \sigma_{22}' \quad \Leftrightarrow \quad \Delta\varepsilon_{22}^p, \qquad \sigma_{33}' \quad \Leftrightarrow \quad \Delta\varepsilon_{33}^p,$$
$$\sigma_{12} \quad \Leftrightarrow \quad \Delta\varepsilon_{12}^p, \qquad \sigma_{23} \quad \Leftrightarrow \quad \Delta\varepsilon_{23}^p, \qquad \sigma_{31} \quad \Leftrightarrow \quad \Delta\varepsilon_{31}^p$$

のように置き換えると，次式となる．

$$(\Delta\varepsilon_1^p)^2 + (\Delta\varepsilon_2^p)^2 + (\Delta\varepsilon_3^p)^2$$
$$= (\Delta\varepsilon_{11}^p)^2 + (\Delta\varepsilon_{22}^p)^2 + (\Delta\varepsilon_{33}^p)^2 + 2\left\{(\Delta\varepsilon_{12}^p)^2 + (\Delta\varepsilon_{23}^p)^2 + (\Delta\varepsilon_{31}^p)^2\right\} \tag{6.49}$$

さらに，式 (6.49) の右辺のせん断ひずみを工学的せん断ひずみに置き換えると，

$$(\Delta\varepsilon_1^p)^2 + (\Delta\varepsilon_2^p)^2 + (\Delta\varepsilon_3^p)^2$$
$$= (\Delta\varepsilon_{11}^p)^2 + (\Delta\varepsilon_{22}^p)^2 + (\Delta\varepsilon_{33}^p)^2 + \frac{1}{2}\left\{(\Delta\gamma_{12}^p)^2 + (\Delta\gamma_{23}^p)^2 + (\Delta\gamma_{31}^p)^2\right\} \tag{6.50}$$

となる．式 (6.50) を式 (6.47) に代入すると，一般のひずみ成分を用いた相当塑性ひずみ増分は，

$$\Delta \bar{\varepsilon}^p = \sqrt{\frac{2}{3}\left[(\Delta \varepsilon_{11}^p)^2 + (\Delta \varepsilon_{22}^p)^2 + (\Delta \varepsilon_{33}^p)^2 + \frac{1}{2}\left\{(\Delta \gamma_{12}^p)^2 + (\Delta \gamma_{23}^p)^2 + (\Delta \gamma_{31}^p)^2\right\}\right]} \tag{6.51}$$

のように表される.

　以上に示した結果を利用して，比例係数 $\Delta \lambda$ を求めていく．まず，式 (6.34) は

$$\Delta \varepsilon_1^p = \sigma_1' \Delta \lambda, \qquad \Delta \varepsilon_2^p = \sigma_2' \Delta \lambda, \qquad \Delta \varepsilon_3^p = \sigma_3' \Delta \lambda \tag{6.52}$$

となり，これを式 (6.47) に代入すると，相当塑性ひずみ増分

$$\Delta \bar{\varepsilon}^p = \Delta \lambda \sqrt{\frac{2}{3}\left\{(\sigma_1')^2 + (\sigma_2')^2 + (\sigma_3')^2\right\}} \tag{6.53}$$

が得られる．これに式 (6.36) の相当応力を代入すると，

$$\Delta \bar{\varepsilon}^p = \frac{2}{3}\bar{\sigma}\Delta \lambda \tag{6.54}$$

となる．この結果，比例係数は

$$\Delta \lambda = \frac{3}{2}\frac{\Delta \bar{\varepsilon}^p}{\bar{\sigma}} \tag{6.55}$$

のように表される．この関係式は，

$$\Delta \lambda = \frac{3}{2}\frac{\Delta \bar{\varepsilon}^p}{\Delta \bar{\sigma}}\frac{\Delta \bar{\sigma}}{\bar{\sigma}} \tag{6.56}$$

と変形できる．ここで，対象としている問題を**線形ひずみ硬化弾塑性体**と仮定すれば，$\Delta \bar{\sigma}/\Delta \bar{\varepsilon}^p$ はひずみ硬化率 H に等しいから次式となる．

$$\Delta \lambda = \frac{3}{2}\frac{\Delta \bar{\sigma}}{H\bar{\sigma}} \tag{6.57}$$

　より一般的な場合には，単軸応力状態で得られた応力-ひずみ曲線からひずみ硬化率を求め，これを

$$\frac{\Delta \bar{\sigma}}{\Delta \bar{\varepsilon}^p} = F$$

とすれば，式 (6.56) に代入して比例係数 $\Delta \lambda$ が得られる．この結果，プラントル-ロイスの構成式はつぎのようになる．

$$\Delta \varepsilon_{ij}^T = \varepsilon_{ij}^e + \frac{3}{2}\frac{\Delta \bar{\sigma}}{F\bar{\sigma}}\sigma_{ij}' \tag{6.58}$$

演習問題

6.1　式 (6.36) を導出せよ.

6.2　弾完全塑性体

$$\sigma = \begin{cases} E\varepsilon_e & (0 \leq \sigma < \sigma_y) \\ \sigma_y & (\sigma = \sigma_y) \end{cases} \tag{1.7}$$

では，プラントル–ロイスの構成式はどのように表されるか.

6.3　n 乗ひずみ硬化弾塑性体

$$\sigma = \begin{cases} E\varepsilon_e & (0 \leq \sigma < \sigma_y) \\ \sigma_y + H\varepsilon_p^n & (\sigma_y \leq \sigma) \end{cases} \tag{1.9}$$

では，プラントル–ロイスの構成式はどのように表されるか.

 ルートヴィヒ・プラントル（Ludwig Prandtl）1875～1953
　　　（写真：DLR/CC-BY 3.0 DE）

　ドイツミュンヘン出身の工学者．ミュンヘン工科大学にて構造力学（主に座屈問題）に関する研究を行った．その後，ゲッチンゲン大学にて流体力学の研究を進め，その分野で重要な成果を挙げた．構造力学分野については，その後は大学院生が進めたとされるが，塑性構成式を提案してその名を塑性力学の分野に残した．これとは別に，ブタペスト出身の工学者（1900 年～1968 年）であるロイスが同じころにプラントルと同様の塑性構成式を提案した．彼は，ブタペスト工科大学で連続体力学に関する重要な研究成果を挙げ続けたが，第二次世界大戦の影響でその業績はあまり知られていない．ポーランドからは，その後も連続体力学，塑性力学の分野で重要な研究成果が多数報告されている．それもあり，多くの日本人研究者も留学した.

第7章 基本的な弾塑性問題

第6章で学んだプラントル–ロイスの構成式を利用して，本章では，薄肉円筒問題と薄肉球殻問題に取り組む．いずれの問題においても，つぎのように統一した解き方で説明する．

ステップ1) 問題の応力成分を求める．

ステップ2) 主応力を求める．

ステップ3) 偏差応力成分を求める．

ステップ4) 相当応力を求め，ミーゼスの降伏条件から問題で与えられている負荷（荷重，モーメント，内圧など）での降伏条件を定める．

ステップ5) プラントル–ロイスの構成式に代入し，塑性ひずみ増分を求める．

ステップ6) 最終状態まで負荷したときに生じる全ひずみを求める．

7.1 引張荷重を受ける薄肉円筒問題

図 7.1 に示す長さ l，外径 $2R$，肉厚 t の薄肉円筒容器の端面に対して引張荷重 P が作用している問題について考える．ここで，座標系は図のようにとるものとする．また，この材料は，図 7.2 に示すような線形ひずみ硬化弾塑性体（式 (1.8)）とする．

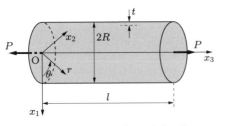

図 7.1 引張荷重を受ける薄肉円筒

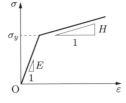

図 7.2 応力‐ひずみ曲線

ステップ1) 引張荷重を受ける薄肉円筒の壁面に生じる応力成分は

$$\sigma_{33} = \frac{P}{2\pi Rt}, \qquad \sigma_{rr} = 0, \qquad \sigma_{\theta\theta} = 0 \tag{7.1}$$

である．ここで，つぎのようにおく．

$$\sigma \equiv \frac{P}{2\pi Rt} \tag{7.2}$$

ステップ2) このような応力状態にある薄肉壁面の主応力 $\sigma_1, \sigma_2, \sigma_3$ $(\sigma_1 > \sigma_2 > \sigma_3)$ は，つぎのようになる．

$$\sigma_1 = \sigma, \qquad \sigma_2 = 0, \qquad \sigma_3 = 0 \tag{7.3}$$

ステップ3) 主応力の式 (7.3) から静水圧 $p = \sigma/3$ を差し引けば，偏差応力 $\sigma_1', \sigma_2', \sigma_3'$ がつぎのように得られる．

$$\left. \begin{aligned} \sigma_1' &= \sigma_1 - p = \sigma - \frac{\sigma}{3} = \frac{2}{3}\sigma \\ \sigma_2' &= \sigma_2 - p = 0 - \frac{\sigma}{3} = -\frac{1}{3}\sigma \\ \sigma_3' &= \sigma_3 - p = 0 - \frac{\sigma}{3} = -\frac{1}{3}\sigma \end{aligned} \right\} \tag{7.4}$$

ステップ4) これらの偏差応力を式 (6.36) に代入すると，相当応力は

$$\overline{\sigma} = \sigma \tag{7.5}$$

となる．ミーゼスの降伏条件を仮定すれば，相当応力が降伏応力に一致したら降伏することになる．

$$\overline{\sigma} = \sigma = \sigma_y \tag{7.6}$$

ステップ5) 式 (6.34)，(6.57) により，軸方向の塑性ひずみ増分は

$$\Delta\varepsilon_{33}^p = \sigma_{33}'\Delta\lambda = \frac{3}{2}\frac{\Delta\overline{\sigma}}{H\overline{\sigma}}\sigma_{33}' = \frac{3}{2}\frac{\Delta\overline{\sigma}}{H\sigma}\sigma_{33}' \tag{7.7}$$

となる．ここで，偏差応力 σ_{33}' は

$$\sigma_{33}' = \sigma_{33} - p = \sigma - \frac{1}{3}\sigma = \frac{2}{3}\sigma \tag{7.8}$$

であるから，式 (7.7) は次式となる．

$$\Delta\varepsilon_{33}^p = \frac{\Delta\sigma}{H} \tag{7.9}$$

ステップ6) ここで得た塑性ひずみ増分を用いて，薄肉円筒に生じる軸方向の垂直ひずみ ε_{33} を求める．はじめに垂直応力 σ が降伏応力 σ_y よりも小さい，すなわち弾性変形している場合，薄肉円筒に生じる全ひずみはつぎのようになる．

$$\varepsilon_{33}^T = \frac{\sigma}{E} \quad (0 \le \sigma < \sigma_y) \tag{7.10}$$

垂直応力 σ を増加させて，降伏応力 σ_y を超えると，

$$\varepsilon_{33}^T = \frac{\sigma_y}{E} + \int_{\sigma_y}^{\sigma} \Delta\varepsilon_{33}^p = \frac{\sigma_y}{E} + \int_{\sigma_y}^{\sigma} \frac{d\sigma}{H} \quad (\sigma \geq \sigma_y) \tag{7.11}$$

となる．ここで，式 (7.9) において Δ を微分記号 d に置き換えた．これを積分するとつぎのようになる．

$$\varepsilon_{33}^T = \frac{\sigma_y}{E} + \frac{\sigma - \sigma_y}{H} \quad (\sigma \geq \sigma_y) \tag{7.12}$$

7.2 ねじりモーメントを受ける薄肉円筒問題

図 7.3 に示す長さ l，外径 $2R$，肉厚 t の薄肉円筒容器の端面に対してねじりモーメント T が作用している問題について考える．ここで，座標系は図のようにとるものとする．また，材料は図 7.4 に示すような線形ひずみ硬化弾塑性体（式 (1.8)）とする．

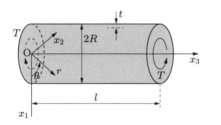

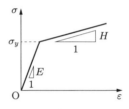

図 7.3 ねじりモーメントを受ける薄肉円筒　**図 7.4** 応力 – ひずみ曲線

ステップ 1） ねじりモーメントを受ける薄肉円筒の壁面に生じる応力成分は，

$$\sigma_{33} = 0, \quad \sigma_{rr} = 0, \quad \sigma_{\theta\theta} = 0, \quad \sigma_{3\theta} = \frac{T}{2\pi R^2 t} \tag{7.13}$$

である．ここで，つぎのようにおく．

$$\tau \equiv \frac{T}{2\pi R^2 t} \tag{7.14}$$

ステップ 2） これらの応力状態にある薄肉壁面の主応力 σ_1, σ_2, σ_3 $(\sigma_1 > \sigma_2 > \sigma_3)$ は，つぎのようになる．

$$\sigma_1 = \tau, \quad \sigma_2 = 0, \quad \sigma_3 = -\tau \tag{7.15}$$

ステップ 3） 主応力の式 (7.15) から静水圧 $p = 0$ を差し引けば，偏差応力 σ_1', σ_2', σ_3' がつぎのように得られる．

$$\left. \begin{array}{l} \sigma_1' = \sigma_1 - p = \tau - 0 = \tau \\ \sigma_2' = \sigma_2 - p = 0 - 0 = 0 \\ \sigma_3' = \sigma_3 - p = -\tau - 0 = -\tau \end{array} \right\} \tag{7.16}$$

ステップ4) これらの偏差応力を式 (6.36) に代入すると，相当応力は

$$\overline{\sigma} = \sqrt{3}\,\tau \tag{7.17}$$

となる．ミーゼスの降伏条件を仮定すれば，

$$\overline{\sigma} = \sqrt{3}\,\tau = \sigma_y \tag{7.18}$$

であるから，せん断応力が次式となったら降伏する．

$$\tau = \frac{\sigma_y}{\sqrt{3}} \tag{7.19}$$

ステップ5) 式 (6.34)，(6.57) によりせん断応力による塑性ひずみ増分は，

$$\Delta\varepsilon_{3\theta}^{p} = \sigma_{3\theta}'\Delta\lambda = \frac{3}{2}\frac{\Delta\overline{\sigma}}{H\overline{\sigma}}\sigma_{3\theta}' \tag{7.20}$$

となる．ここで，偏差応力 $\sigma_{3\theta}'$ は

$$\sigma_{3\theta}' = \sigma_{3\theta} = \tau \tag{7.21}$$

である．式 (7.17) より $\overline{\sigma} = \sqrt{3}\,\tau$ であるから，$\Delta\overline{\sigma} = \sqrt{3}\,\Delta\tau$ と式 (7.21) を式 (7.20) に代入して次式となる．

$$\Delta\varepsilon_{3\theta}^{p} = \frac{3}{2}\frac{\Delta\tau}{H} \tag{7.22}$$

ステップ6) ここで得た塑性ひずみ増分を用いて，薄肉円筒に生じるせん断ひずみ $\varepsilon_{3\theta}$ を求める．はじめにせん断応力 τ が $\sigma_y/\sqrt{3}$ よりも小さい，すなわち弾性変形している場合，薄肉円筒に生じる全せん断ひずみはつぎのようになる．

$$\varepsilon_{3\theta}^{T} = \frac{\tau}{2G} \quad \left(0 \le \tau < \frac{\sigma_y}{\sqrt{3}}\right) \tag{7.23}$$

せん断応力 τ を増加させて，その値が $\sigma_y/\sqrt{3}$ を超えると，

$$\varepsilon_{3\theta}^{T} = \frac{\sigma_y}{2\sqrt{3}\,G} + \int_{\frac{\sigma_y}{\sqrt{3}}}^{\tau}\frac{3}{2}\frac{d\tau}{H} \quad \left(\tau \ge \frac{\sigma_y}{\sqrt{3}}\right) \tag{7.24}$$

となる．ここで，式 (7.22) において Δ を微分記号 d に置き換え，これを積分するとつぎのようになる．

$$\varepsilon_{3\theta}^{T} = \frac{\sigma_y}{2\sqrt{3}\,G} + \frac{3}{2H}\left(\tau - \frac{\sigma_y}{\sqrt{3}}\right) \quad \left(\tau \ge \frac{\sigma_y}{\sqrt{3}}\right) \tag{7.25}$$

7.3　引張荷重とねじりモーメントを受ける薄肉円筒問題

図 7.5 に示す長さが l，外径が $2R$，肉厚が t の薄肉円筒容器の端面に対して引張荷重 P，ねじりモーメント T が作用している問題について考える．ここで，座標系は図のようにとるものとする．また，材料は図 7.6 に示すような線形ひずみ硬化弾塑性体（式 (1.8)）とする．

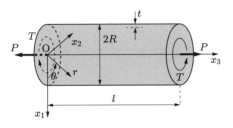

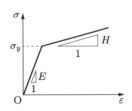

図 7.5　引張荷重とねじりモーメントを受ける　　図 7.6　応力 – ひずみ曲線
　　　　薄肉円筒

この問題では，この薄肉円筒容器に対して①引張荷重 → ねじりモーメントの順で負荷する場合，②ねじりモーメント → 引張荷重の順で負荷する場合，③引張荷重とねじりモーメントを同時に負荷する場合，を考え，これらの負荷の順番の違いが薄肉円筒容器の軸方向に生じる垂直ひずみ ε_{33} にどのような影響を及ぼすのか調べてみる．

ステップ 1） 引張荷重とねじりモーメントを受けることで，薄肉円筒の壁面に生じる応力成分は

$$\sigma_{33} = \frac{P}{2\pi Rt}, \qquad \sigma_{rr} = 0, \qquad \sigma_{\theta\theta} = 0, \qquad \sigma_{3\theta} = \frac{T}{2\pi R^2 t} \qquad (7.26)$$

である．ここで，つぎのようにおく．

$$\sigma \equiv \frac{P}{2\pi Rt}, \qquad \tau \equiv \frac{T}{2\pi R^2 t} \qquad (7.27)$$

ステップ 2） このような応力状態にある薄肉壁面の主応力を求めるために，

$$\sigma_{11} \ \rightarrow \ \sigma_{33} = \sigma, \qquad \sigma_{22} \ \rightarrow \ \sigma_{\theta\theta} = 0, \qquad \sigma_{12} \ \rightarrow \ \sigma_{3\theta} = \tau \qquad (7.28)$$

のようにおいて，これらを主応力の式 (4.6) に代入すると，

$$\left.\begin{array}{l} \sigma_1 = \dfrac{1}{2}\,\sigma + \dfrac{1}{2}\sqrt{\sigma^2 + 4\tau^2} \\[2mm] \sigma_2 = \dfrac{1}{2}\,\sigma - \dfrac{1}{2}\sqrt{\sigma^2 + 4\tau^2} \end{array}\right\} \qquad (7.29)$$

となる. 一方, 薄肉壁面に対して面外方向の応力成分は $\sigma_{rr} = 0$ であるから, 本問題の主応力 $\sigma_1, \sigma_2, \sigma_3$ ($\sigma_1 > \sigma_2 > \sigma_3$) はつぎのようになる.

$$\sigma_1 = \frac{1}{2}\sigma + \frac{1}{2}\sqrt{\sigma^2 + 4\tau^2}, \quad \sigma_2 = 0, \quad \sigma_3 = \frac{1}{2}\sigma - \frac{1}{2}\sqrt{\sigma^2 + 4\tau^2} \tag{7.30}$$

ステップ 3) 主応力の式 (7.30) のそれぞれの値から静水圧 $p = \sigma/3$ を差し引けば, 偏差応力 $\sigma_1', \sigma_2', \sigma_3'$ がつぎのように得られる.

$$\left.\begin{array}{l} \sigma_1' = \dfrac{1}{2}\sigma + \dfrac{1}{2}\sqrt{\sigma^2 + 4\tau^2} - \dfrac{\sigma}{3} = \dfrac{1}{6}\sigma + \dfrac{1}{2}\sqrt{\sigma^2 + 4\tau^2} \\[2mm] \sigma_2' = 0 - \dfrac{\sigma}{3} = -\dfrac{\sigma}{3} \\[2mm] \sigma_3' = \dfrac{1}{2}\sigma - \dfrac{1}{2}\sqrt{\sigma^2 + 4\tau^2} - \dfrac{\sigma}{3} = \dfrac{1}{6}\sigma - \dfrac{1}{2}\sqrt{\sigma^2 + 4\tau^2} \end{array}\right\} \tag{7.31}$$

ステップ 4) これらの偏差応力を式 (6.36) に代入すると, 相当応力は

$$\overline{\sigma} = \sqrt{\sigma^2 + 3\tau^2} \tag{7.32}$$

となる. ミーゼスの降伏条件を仮定すれば,

$$\overline{\sigma} = \sigma = \sigma_y \tag{7.33}$$

であるから, 次式となったら降伏する.

$$\sigma^2 + 3\tau^2 = \sigma_y^2 \tag{7.34}$$

これは楕円の方程式

$$\left(\frac{\sigma}{\sigma_y}\right)^2 + \left(\frac{\tau}{\sigma_y/\sqrt{3}}\right)^2 = 1 \tag{7.35}$$

であり, ミーゼスの降伏曲面は, 長軸の長さが σ_y, 短軸の長さが $\sigma_y/\sqrt{3}$ の楕円形状となることがわかる.

図 7.7 にミーゼスの降伏曲面と異なる 3 種類の負荷経路を示す. 図の横軸には引張荷重により薄肉壁面に生じた垂直応力 σ_{33}, 縦軸にねじりモーメントにより生じたせん断応力 $\sigma_{3\theta}$ をとっている.

ステップ 5) 相当応力の全微分について考える. すると,

$$\Delta\overline{\sigma} = \frac{\partial\overline{\sigma}}{\partial\sigma}\Delta\sigma + \frac{\partial\overline{\sigma}}{\partial\tau}\Delta\tau = \frac{\sigma\Delta\sigma + 3\tau\Delta\tau}{\overline{\sigma}} \tag{7.36}$$

であるから, その結果を利用して比例係数 $\Delta\lambda$ は

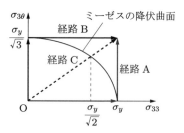

図 7.7　ミーゼスの降伏曲面と負荷経路

$$\Delta\lambda = \frac{3}{2}\frac{\Delta\overline{\sigma}}{H\overline{\sigma}} = \frac{3}{2H}\frac{\sigma\Delta\sigma + 3\tau\Delta\tau}{\sigma^2 + 3\tau^2} \tag{7.37}$$

となる．また，偏差応力 σ_{33}' は

$$\sigma_{33}' = \sigma_{33} - p = \sigma - \frac{1}{3}\sigma = \frac{2}{3}\sigma \tag{7.38}$$

であるから，これと式 (6.34)，(6.57) により，相当塑性ひずみ増分はつぎのようになる．

$$\Delta\varepsilon_{33}^p = \sigma_{33}'\Delta\lambda = \frac{\sigma}{H}\frac{\sigma\Delta\sigma + 3\tau\Delta\tau}{\sigma^2 + 3\tau^2} \tag{7.39}$$

ステップ 6) 以上により計算に必要な準備が終わったので，ここで得た塑性ひずみ増分を用いて図 7.7 に従って，3 種類の異なる負荷経路によりどのような違いが生じるのかを調べてみることにしよう．

(1) 経路 A：引張荷重 → ねじりモーメントの順で負荷する場合

引張荷重のみ作用させたときに生じる軸方向に生じる垂直ひずみ ε_{33} は

$$\varepsilon_{33} = \frac{\sigma_y}{E} \tag{7.40}$$

であり，さらにねじりモーメントのみ作用させていくと，最終的なひずみは

$$\varepsilon_{33} = \frac{\sigma_y}{E} + \int_0^{\frac{\sigma_y}{\sqrt{3}}} \frac{\sigma}{H}\frac{\sigma\Delta\sigma + 3\tau\Delta\tau}{\sigma^2 + 3\tau^2}\bigg|_{\sigma=\sigma_y} = \frac{\sigma_y}{E} + \frac{\sigma_y}{H}\ln\sqrt{2}$$

となる．よって，つぎのようになる．

$$\varepsilon_{33} = \frac{\sigma_y}{E} + 0.346\frac{\sigma_y}{H} \tag{7.41}$$

(2) 経路 B：ねじりモーメント → 引張荷重の順で負荷する場合

ねじりモーメントのみ作用させたとき軸方向の垂直ひずみ ε_{33} は生じない．その後の引張荷重により，つぎのようになる．

$$\varepsilon_{33} = \frac{\sigma_y}{E} + \int_0^{\sigma_y} \frac{\sigma}{H}\frac{\sigma\Delta\sigma + 3\tau\Delta\tau}{\sigma^2 + 3\tau^2}\bigg|_{\tau=\frac{\sigma_y}{\sqrt{3}}} = \frac{\sigma_y}{E} + \left(1 - \frac{\pi}{4}\right)\frac{\sigma_y}{H}$$

よって，つぎのようになる．

$$\varepsilon_{33} = \frac{\sigma_y}{E} + 0.215 \frac{\sigma_y}{H} \tag{7.42}$$

(3) 経路 C：引張荷重とねじりモーメントを同時に負荷する場合

引張荷重とねじりモーメントの同時負荷により，

$$\frac{\tau}{\sigma} = \frac{1}{\sqrt{3}} \tag{7.43}$$

の比を保ちながら薄肉円筒の壁面には応力が作用することになる．ひずみは

$$\varepsilon_{33} = \frac{\sigma_y}{E} + \int_{\frac{\sigma_y}{\sqrt{2}}}^{\sigma_y} \frac{\sigma}{H} \frac{\sigma \Delta\sigma + 3\tau \Delta\tau}{\sigma^2 + 3\tau^2} \tag{7.44}$$

であるから，これに式 (7.43) を代入して積分すると，

$$\varepsilon_{33} = \frac{\sigma_y}{E} + \left(1 - \frac{1}{\sqrt{2}}\right) \frac{\sigma_y}{H}$$

となる．よって，つぎのようになる．

$$\varepsilon_{33} = \frac{\sigma_y}{E} + 0.293 \frac{\sigma_y}{H} \tag{7.45}$$

以上により，負荷経路により軸方向に生じる垂直ひずみは異なることがわかる．よって，**弾塑性問題においては，負荷経路に従って増分計算しなければならない**．

7.4 内圧を受ける薄肉円筒問題

図 7.8 に示す長さが l，外径が $2R$，肉厚が t の薄肉円筒容器の内部に圧力 p が作用している問題について考える．ここで，座標系は図のようにとるものとする．また，材料は図 7.9 に示すような線形ひずみ硬化弾塑性体（式 (1.8)）とする．

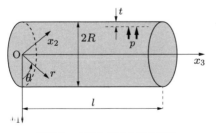

図 7.8 内圧を受ける薄肉円筒

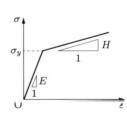

図 7.9 応力 - ひずみ曲線

ステップ1） 内圧を受けることで，薄肉円筒の壁面に生じる応力成分は

$$\sigma_{33} = \frac{R}{2t}\,p, \qquad \sigma_{rr} = 0, \qquad \sigma_{\theta\theta} = \frac{R}{t}\,p \tag{7.46}$$

である．なお σ_{rr} は薄肉円筒表面ではゼロ，内面では内圧 $-p$ のように薄肉壁面内で分布するが，σ_{33} と $\sigma_{\theta\theta}$ に比べてその値は小さいため，$\sigma_{rr} = 0$ と考える．ここで，つぎのようにおく．

$$\sigma \equiv \frac{R}{t}\,p$$

ステップ2） このような応力状態にある薄肉壁面の主応力 $\sigma_1,\,\sigma_2,\,\sigma_3\;(\sigma_1 > \sigma_2 > \sigma_3)$ は，つぎのようになる．

$$\sigma_1 = \sigma, \qquad \sigma_2 = \frac{\sigma}{2}, \qquad \sigma_3 = 0 \tag{7.47}$$

ステップ3） 主応力の式 (7.47) から静水圧 $p = (\sigma + \sigma/2 + 0)/3 = \sigma/2$ を差し引けば，偏差応力 $\sigma_1',\,\sigma_2',\,\sigma_3'$ がつぎのように得られる．

$$\left.\begin{aligned}
\sigma_1' &= \sigma_1 - p = \sigma - \frac{\sigma}{2} = \frac{1}{2}\sigma \\
\sigma_2' &= \sigma_2 - p = \frac{\sigma}{2} - \frac{\sigma}{2} = 0 \\
\sigma_3' &= \sigma_3 - p = 0 - \frac{\sigma}{2} = -\frac{1}{2}\sigma
\end{aligned}\right\} \tag{7.48}$$

ステップ4） これらの偏差応力を式 (6.36) に代入すると，相当応力は

$$\overline{\sigma} = \frac{\sqrt{3}}{2}\,\sigma \tag{7.49}$$

となる．ミーゼスの降伏条件を仮定すれば，次式となったら降伏する．

$$\overline{\sigma} = \frac{\sqrt{3}}{2}\,\sigma = \sigma_y \tag{7.50}$$

ステップ5） 比例係数は式 (6.57) に式 (7.49) を代入してつぎのようになる．

$$\Delta\lambda = \frac{3}{2}\frac{\Delta\overline{\sigma}}{H\overline{\sigma}} = \frac{3}{2}\frac{\Delta\sigma}{H\sigma} \tag{7.51}$$

よって，式 (6.34) により半径方向と軸方向の塑性ひずみ増分は，

$$\Delta\varepsilon_{\theta\theta}^p = \sigma_{\theta\theta}'\Delta\lambda = \frac{3}{2}\frac{\Delta\sigma}{H\sigma}\,\sigma_{\theta\theta}', \qquad \Delta\varepsilon_{33}^p = \sigma_{33}'\Delta\lambda = \frac{3}{2}\frac{\Delta\sigma}{H\sigma}\,\sigma_{33}' \tag{7.52}$$

であり，偏差応力 $\sigma_{\theta\theta}',\,\sigma_{33}'$ は

$$\sigma_{\theta\theta}' = \sigma_{\theta\theta} - p = \sigma - \frac{1}{2}\sigma = \frac{1}{2}\sigma, \qquad \sigma_{33}' = \sigma_{33} - p = \frac{1}{2}\sigma - \frac{1}{2}\sigma = 0 \tag{7.53}$$

であるから，これを式 (7.52) に代入するとつぎのようになる.

$$\Delta\varepsilon_{\theta\theta}^{p} = \frac{3}{2}\frac{\Delta\sigma}{H\sigma}\sigma_{\theta\theta}' = \frac{3}{4}\frac{\Delta\sigma}{H}, \qquad \Delta\varepsilon_{33}^{p} = 0 \tag{7.54}$$

ステップ6) 以上の結果を利用して内圧を受ける薄肉円筒の壁面に生じる全ひずみを求める．はじめに垂直応力 σ が $(2/\sqrt{3})\sigma_y$ よりも小さい，すなわち弾性変形している場合について考える．一般化されたフックの法則により

$$\varepsilon_{\theta\theta}^{e} = \frac{1}{E}(\sigma_{\theta\theta} - \nu\sigma_{33}), \qquad \varepsilon_{33}^{e} = \frac{1}{E}(\sigma_{33} - \nu\sigma_{\theta\theta}) \tag{7.55}$$

であり，式 (7.55) に式 (7.46) を代入して

$$\varepsilon_{\theta\theta}^{e} = \frac{1}{E}\left(1 - \frac{1}{2}\nu\right)\sigma, \qquad \varepsilon_{33}^{e} = \frac{1}{E}\left(\frac{1}{2} - \nu\right)\sigma \tag{7.56}$$

となる．よって，全ひずみ成分はつぎのようになる.

$$\varepsilon_{\theta\theta}^{T} = \frac{1}{E}\left(1 - \frac{1}{2}\nu\right)\sigma, \qquad \varepsilon_{33}^{T} = \frac{1}{E}\left(\frac{1}{2} - \nu\right)\sigma \quad \left(0 \leq \sigma < \frac{2}{\sqrt{3}}\sigma_y\right) \tag{7.57}$$

垂直応力 σ を増加させて，その値が $(2/\sqrt{3})\sigma_y$ を超えると，塑性ひずみが生じるようになる．よって，薄肉円筒に生じる周方向と軸方向の全ひずみ成分を求めると，つぎのようになる.

$$\left.\begin{aligned}
\varepsilon_{\theta\theta}^{T} &= \frac{2}{\sqrt{3}\,E}\left(1 - \frac{1}{2}\nu\right)\sigma_y + \frac{3}{4H}\left(\sigma - \frac{2}{\sqrt{3}}\sigma_y\right) \\
\varepsilon_{33}^{T} &= \frac{2}{\sqrt{3}\,E}\left(\frac{1}{2} - \nu\right)\sigma_y
\end{aligned}\right\} \quad \left(\sigma \geq \frac{2}{\sqrt{3}}\sigma_y\right) \tag{7.58}$$

7.5　内圧を受ける薄肉球殻問題

　図 7.10 に示す外径が $2R$, 肉厚が t の薄肉球殻容器の内部に圧力 p が作用している問題について考える．ここで，座標系は図のようにとるものとする．また，材料は図 7.11 に示すような線形ひずみ硬化弾塑性体（式 (1.8)）とする.

ステップ1) 内圧を受けることで薄肉球殻壁面に生じる応力成分は

$$\sigma_{rr} = 0, \qquad \sigma_{\theta\theta} = \frac{R}{2t}p, \qquad \sigma_{\varphi\varphi} = \frac{R}{2t}p \tag{7.59}$$

である．なお，σ_{rr} は薄肉球殻表面ではゼロ，内面では内圧 $-p$ のように薄肉壁面内

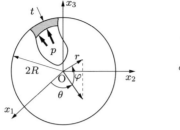 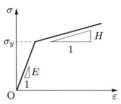

図 7.10   内圧を受ける薄肉球殻   **図 7.11**   応力 – ひずみ曲線

で分布するが，$\sigma_{\theta\theta}$ と $\sigma_{\varphi\varphi}$ に比べてその値は小さいため，$\sigma_{rr} = 0$ と考える．ここで，つぎのようにおく．

$$\sigma \equiv \frac{R}{2t}\,p \tag{7.60}$$

ステップ 2) このような応力状態にある薄肉壁面の主応力 σ_1, σ_2, σ_3 は，つぎのようになる．

$$\sigma_1 = \sigma, \qquad \sigma_2 = \sigma, \qquad \sigma_3 = 0 \tag{7.61}$$

ステップ 3) 主応力の式 (7.61) から静水圧 $p = (\sigma + \sigma + 0)/3 = (2/3)\,\sigma$ を差し引けば，偏差応力 σ_1', σ_2', σ_3' はつぎのように得られる．

$$\left.\begin{array}{l} \sigma_1' = \sigma_1 - p = \sigma - \dfrac{2}{3}\,\sigma = \dfrac{1}{3}\,\sigma \\[2mm] \sigma_2' = \sigma_2 - p = \sigma - \dfrac{2}{3}\,\sigma = \dfrac{1}{3}\,\sigma \\[2mm] \sigma_3' = \sigma_3 - p = 0 - \dfrac{2}{3}\,\sigma = -\dfrac{2}{3}\,\sigma \end{array}\right\} \tag{7.62}$$

ステップ 4) これらの偏差応力を式 (6.36) に代入すると，相当応力は

$$\overline{\sigma} = \sigma \tag{7.63}$$

となる．ミーゼスの降伏条件を仮定すれば，次式となったら降伏する．

$$\overline{\sigma} = \sigma = \sigma_y \tag{7.64}$$

ステップ 5) 比例係数は式 (6.57) に式 (7.63) を代入するとつぎのようになる．

$$\Delta\lambda = \frac{3}{2}\,\frac{\Delta\overline{\sigma}}{H\overline{\sigma}} = \frac{3}{2}\,\frac{\Delta\sigma}{H\sigma} \tag{7.65}$$

式 (6.34)，(7.65) により塑性ひずみ増分は

$$\Delta\varepsilon_{\theta\theta}^{p} = \sigma'_{\theta\theta}\Delta\lambda = \frac{3}{2}\frac{\Delta\sigma}{H\sigma}\sigma'_{\theta\theta} \tag{7.66}$$

であり，偏差応力 $\sigma'_{\theta\theta}$ は

$$\sigma'_{\theta\theta} = \sigma_{\theta\theta} - p = \sigma - \frac{2}{3}\sigma = \frac{1}{3}\sigma \tag{7.67}$$

であるから，これを式 (7.66) はつぎのようになる．

$$\Delta\varepsilon_{\theta\theta}^{p} = \frac{\Delta\sigma}{2H} \tag{7.68}$$

ステップ 6） 以上の結果を利用して，内圧を受ける薄肉球殻壁に生じる全ひずみを求める．はじめに垂直応力 σ が応力 σ_y よりも小さい，すなわち弾性変形している場合について考える．一般化されたフックの法則により，

$$\varepsilon_{\theta\theta}^{e} = \frac{1}{E}\left\{\sigma_{\theta\theta} - \nu(\sigma_{rr} + \sigma_{\varphi\varphi})\right\} \tag{7.69}$$

であるから，式 (7.69) に式 (7.59) を代入すると，

$$\varepsilon_{\theta\theta}^{e} = \frac{1-\nu}{E}\sigma \tag{7.70}$$

となる．よって，全ひずみはつぎのようになる．

$$\varepsilon_{\theta\theta}^{T} = \frac{1-\nu}{E}\sigma \quad (0 \leq \sigma < \sigma_y) \tag{7.71}$$

内圧を増加させて，σ が σ_y を超えると，塑性ひずみが生じるようになる．よって，薄肉球殻に生じる全ひずみはつぎのようになる．

$$\varepsilon_{\theta\theta}^{T} = \frac{1-\nu}{E}\sigma_y + \frac{\sigma-\sigma_y}{2H} \quad (\sigma \geq \sigma_y) \tag{7.72}$$

演習問題

7.1 図 7.12 に示すような半径が R，幅が t $(\ll R)$，厚さが 1 の薄肉円環が角速度 ω で回転している．平面応力状態にあるとき，薄肉円環に生じる周方向の全ひずみを求めよ．なお，材料の密度は ρ であり，線形ひずみ硬化弾塑性体（式 (1.8)）であるものと仮定する．

7.2 内圧を受ける薄肉円筒において，半径方向の変位 u を求めよ．

7.3 内圧を受ける薄肉球殻において，半径方向の変位 u を求めよ．

7.4 演習問題 7.1 の回転する薄肉円環において，半径方向の変位 u を求めよ．

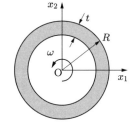

図 7.12 角速度 ω で回転する薄肉円環

◀ 第**8**章 ▶ さまざまな弾塑性問題

　本章では，応力が分布し，弾性域と塑性域が共存するようなやや複雑な問題を扱う．このような問題に対して，前章で学んだプラントル–ロイスの構成式を単純に当てはめることは数学的に難しい．そこで，弾性力学で学んだ応力の平衡方程式とトレスカの降伏条件を組み合わせながら問題を解いていくことにする．本章では，① 厚肉球殻問題，② 厚肉円筒問題，③ 回転円板問題，④ 円板の曲げ問題，⑤ 丸棒のねじり問題，の解き方を説明していく．

8.1　内圧を受ける厚肉球殻問題

▶ 8.1.1　弾性状態

　図 8.1 に示す内半径が a，外半径が b の厚肉球殻に，内圧 p が作用しているとき，この球殻の壁面に生じる応力分布について考える．厚肉球殻に対して，図のように直角座標系 (x_1, x_2, x_3) と球座標系 (r, θ, φ) をとる．半径方向に一様に内圧が作用するから，球殻はその中心点に対して応力分布が点対称となる．よって，応力成分は σ_{rr}，$\sigma_{\theta\theta} = \sigma_{\varphi\varphi}$ となり，せん断応力は発生しない．球殻内で任意の半径 r と $r + dr$ の二つの球面および，角 $d\theta$ と $d\varphi$ で囲まれた微小要素を図のように切り出せば，この微小要素の半径方向の力のつり合いの式からつぎのような応力の平衡方程式が得られる．

$$\frac{d\sigma_{rr}}{dr} + 2\frac{\sigma_{rr} - \sigma_{\theta\theta}}{r} = 0 \tag{8.1}$$

この問題では半径方向の変位 $u = u(r)$ のみ生じる．よって，ひずみと変位の関係

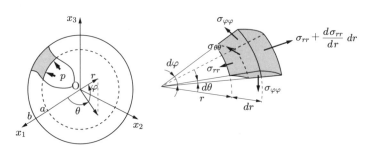

図 8.1　内圧を受ける厚肉球殻

はつぎのようになる.

$$\varepsilon_{rr} = \frac{du}{dr}, \qquad \varepsilon_{\theta\theta} = \varepsilon_{\varphi\varphi} = \frac{u}{r} \tag{8.2}$$

一般化されたフックの法則は

$$\left.\begin{aligned}
\varepsilon_{rr} &= \frac{1}{E}\left\{\sigma_{rr} - \nu(\sigma_{\theta\theta} + \sigma_{\varphi\varphi})\right\} = \frac{1}{E}\left(\sigma_{rr} - 2\nu\sigma_{\theta\theta}\right) \\
\varepsilon_{\theta\theta} &= \frac{1}{E}\left\{\sigma_{\theta\theta} - \nu(\sigma_{rr} + \sigma_{\varphi\varphi})\right\} = \frac{1}{E}\left\{(1-\nu)\sigma_{\theta\theta} - \nu\sigma_{rr}\right\}
\end{aligned}\right\} \tag{8.3}$$

となり,これを応力成分について解くと,

$$\left.\begin{aligned}
\sigma_{rr} &= \frac{E}{(1+\nu)(1-2\nu)}\left\{(1-\nu)\varepsilon_{rr} + 2\nu\varepsilon_{\theta\theta}\right\} \\
\sigma_{\theta\theta} &= \frac{E}{(1+\nu)(1-2\nu)}\left(\varepsilon_{\theta\theta} + \nu\varepsilon_{rr}\right)
\end{aligned}\right\} \tag{8.4}$$

となる.応力の平衡方程式 (8.1) に式 (8.4),(8.2) を代入して整理すると,

$$\frac{d^2u}{dr^2} + 2\frac{1}{r}\frac{du}{dr} - 2\frac{u}{r^2} = 0 \tag{8.5}$$

が得られ,微分方程式 (8.5) の一般解は次式となる,

$$u = C_1 r + C_2 \frac{1}{r^2} \tag{8.6}$$

ここで,C_1, C_2 は未定係数である.この一般解を式 (8.2) に代入するとともに,これを応力成分の式 (8.4) に代入すると,応力成分は

$$\left.\begin{aligned}
\sigma_{rr} &= \frac{E}{(1+\nu)(1-2\nu)}\left\{(1+\nu)C_1 - 2(1-2\nu)\frac{C_2}{r^3}\right\} \\
\sigma_{\theta\theta} &= \frac{E}{(1+\nu)(1-2\nu)}\left\{(1+\nu)C_1 + (1-2\nu)\frac{C_2}{r^3}\right\}
\end{aligned}\right\} \tag{8.7}$$

となる.つぎに,厚肉球殻内面にのみ圧力が作用することから,

$$\left.\begin{aligned}
r = a \text{ にて,} \ \sigma_{rr} = -p \\
r = b \text{ にて,} \ \sigma_{rr} = 0
\end{aligned}\right\} \tag{8.8}$$

となる.これを式 (8.7) に代入して未定係数 C_1, C_2 を求め,これを式 (8.7) にふたたび代入することでつぎのように応力成分が得られる.

$$\sigma_{rr} = \frac{a^3 p}{b^3 - a^3}\left(1 - \frac{b^3}{r^3}\right), \qquad \sigma_{\theta\theta} = \frac{a^3 p}{b^3 - a^3}\left(1 + \frac{b^3}{2r^3}\right) \quad (a \leq r \leq b) \tag{8.9}$$

▶ 8.1.2　降伏

式 (8.9) の応力分布から厚肉球殻内面（$r = a$）から降伏し始めることがわかる．そこでこのときの圧力 p_c を求める．厚肉球殻問題においては，トレスカの降伏条件もミーゼスの降伏条件も等しく

$$\sigma_{\theta\theta} - \sigma_{rr} = \sigma_y \tag{8.10}$$

である．これに式 (8.9) の厚肉球殻内面（$r = a$）での応力

$$\sigma_{rr} = -p, \qquad \sigma_{\theta\theta} = \frac{1}{2}\frac{b^3 + 2a^3}{b^3 - a^3}\,p \tag{8.11}$$

を代入することで圧力 p_c は

$$p_c = \frac{2}{3}\left(1 - \frac{a^3}{b^3}\right)\sigma_y \tag{8.12}$$

となり，この圧力になると厚肉球殻内面から降伏し始める．

▶ 8.1.3　弾塑性状態

圧力がさらに増加すると，図 8.2 に示すように塑性域が厚肉球殻内面から外側に向けて一様に広がっていく．

ここで，弾性域と塑性域の境界を $r = c$ とおく．弾性域での応力分布は，式 (8.7) と同様の形状になり，その分布をつぎのようにおく．これが本問題を解くときのポイントとなる．

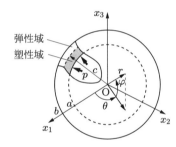

図 8.2　内圧を受ける厚肉球殻における弾性域と塑性域

$$\left.\begin{aligned}
\sigma_{rr}^e &= C_3 - 2\frac{C_4}{r^3} \\
\sigma_{\theta\theta}^e &= C_3 + \frac{C_4}{r^3}
\end{aligned}\right\} \quad (c \le r \le b) \tag{8.13}$$

ここで，応力成分の上添字 e は弾性域でのそれを表す．また，C_3, C_4 は未定係数である．

塑性域については，応力の平衡方程式の式 (8.1) とトレスカの降伏条件の式 (8.10) から，

$$\frac{d\sigma_{rr}^p}{dr} = 2\frac{\sigma_y}{r} \tag{8.14}$$

が得られる．ここで，応力成分の上添字 p は塑性域でのそれを表す．よって，式 (8.14) を積分すると，

$$\sigma_{rr}^p = 2\sigma_y \ln r + C_5 \quad (a \leq r \leq c) \tag{8.15}$$

となり，さらにこの式 (8.15) を式 (8.10) に代入してつぎのようになる．

$$\sigma_{\theta\theta}^p = (2\ln r + 1)\sigma_y + C_5 \quad (a \leq r \leq c) \tag{8.16}$$

ここで，C_5 は未定係数である．

　本問題の境界条件は

$$\left.\begin{array}{l} r = a \text{ にて，} \sigma_{rr}^p = -p \\ r = c \text{ にて，} \sigma_{rr}^e = \sigma_{rr}^p \\ r = c \text{ にて，} \sigma_{\theta\theta}^e - \sigma_{rr}^e = \sigma_y \\ r = b \text{ にて，} \sigma_{rr}^e = 0 \end{array}\right\} \tag{8.17}$$

であるから，式 (8.13)，(8.15)，(8.16) の未定係数

$$C_3 = \frac{2}{3}\frac{c^3}{b^3}\sigma_y, \qquad C_4 = \frac{1}{3}c^3\sigma_y, \qquad C_5 = -p - 2\sigma_y \ln a \tag{8.18}$$

が求められる．ここで，

$$p = 2\sigma_y \left\{\ln\frac{c}{a} + \frac{1}{3}\left(1 - \frac{c^3}{b^3}\right)\right\} \tag{8.19}$$

である．これらを式 (8.13)，(8.15)，(8.16) に代入すると，弾塑性状態にある厚肉球殻の応力分布は

$$\left.\begin{array}{l} \sigma_{rr}^p = \dfrac{2}{3}\,\sigma_y\left\{3\ln\dfrac{r}{c} - \left(1 - \dfrac{c^3}{b^3}\right)\right\} \\[3mm] \sigma_{\theta\theta}^p = \dfrac{2}{3}\,\sigma_y\left\{3\ln\dfrac{r}{c} + \left(\dfrac{1}{2} + \dfrac{c^3}{b^3}\right)\right\} \end{array} \quad (a \leq r \leq c) \right\} \tag{8.20}$$

$$\left.\begin{array}{l} \sigma_{rr}^e = \dfrac{2}{3}\dfrac{c^3}{b^3}\,\sigma_y\left(1 - \dfrac{b^3}{r^3}\right) \\[3mm] \sigma_{\theta\theta}^e = \dfrac{2}{3}\dfrac{c^3}{b^3}\,\sigma_y\left(1 + \dfrac{b^3}{2r^3}\right) \end{array} \quad (c \leq r \leq b) \right\} \tag{8.21}$$

となる．ここで，弾性域と塑性域の境界 $r = c$ は式 (8.19) により定まる．

▶ 8.1.4　塑性崩壊

　圧力がさらに増加して厚肉球殻の全壁面が塑性域に達した，すなわち塑性崩壊したとすると，そのときの圧力 p_U は式 (8.19) において $c = b$ とおけばつぎのように得られる．

$$p_U = 2\sigma_y \ln\frac{b}{a} \tag{8.22}$$

　最後に内圧（$p_c < p < p_U$）を除荷することを考える．内圧を除荷すると応力が厚肉球殻壁中に残留することになる．これは**残留応力**（residual stress）とよばれる．そこで，以下ではこの残留応力分布を求めてみよう．

　除荷過程においては弾性変形して回復するから，式 (8.19) を式 (8.9) に代入して，

$$\left.\begin{aligned}
\sigma_{rr} &= 2\sigma_y \left\{ \ln\frac{c}{a} + \frac{1}{3}\left(1 - \frac{c^3}{b^3}\right) \right\} \frac{a^3}{b^3 - a^3}\left(1 - \frac{b^3}{r^3}\right) \\
\sigma_{\theta\theta} &= 2\sigma_y \left\{ \ln\frac{c}{a} + \frac{1}{3}\left(1 - \frac{c^3}{b^3}\right) \right\} \frac{a^3}{b^3 - a^3}\left(1 + \frac{b^3}{2r^3}\right)
\end{aligned}\quad (a \le r \le b)\right\}
\tag{8.23}$$

となる．この応力分布を弾塑性時の応力分布の式 (8.20)，(8.21) から差し引けば，残留応力分布はつぎのように求められる．

$$\left.\begin{aligned}
\sigma_{rr}^p &= 2\sigma_y \left[\left\{ \ln\frac{r}{c} - \frac{1}{3}\left(1 - \frac{c^3}{b^3}\right) \right\} \right. \\
&\qquad \left. - \left\{ \ln\frac{c}{a} + \frac{1}{3}\left(1 - \frac{c^3}{b^3}\right) \right\} \frac{a^3}{b^3 - a^3}\left(1 - \frac{b^3}{r^3}\right) \right] \\
\sigma_{\theta\theta}^p &= 2\sigma_y \left[\left\{ \ln\frac{r}{c} + \frac{1}{6}\left(1 + 2\frac{c^3}{b^3}\right) \right\} \right. \\
&\qquad \left. - \left\{ \ln\frac{c}{a} + \frac{1}{3}\left(1 - \frac{c^3}{b^3}\right) \right\} \frac{a^3}{b^3 - a^3}\left(1 + \frac{b^3}{2r^3}\right) \right] \\
&\hspace{8em} (a \le r \le c)
\end{aligned}\right\}
\tag{8.24}$$

$$\left.\begin{aligned}
\sigma_{rr}^e &= 2\sigma_y \left[\frac{c^3}{3b^3} - \left\{ \ln\frac{c}{a} + \frac{1}{3}\left(1 - \frac{c^3}{b^3}\right) \right\} \frac{a^3}{b^3 - a^3} \right] \left(1 - \frac{b^3}{r^3}\right) \\
\sigma_{\theta\theta}^e &= 2\sigma_y \left[\frac{c^3}{3b^3} - \left\{ \ln\frac{c}{a} + \frac{1}{3}\left(1 - \frac{c^3}{b^3}\right) \right\} \frac{a^3}{b^3 - a^3} \right] \left(1 + \frac{b^3}{2r^3}\right) \\
&\hspace{10em} (c \le r \le b)
\end{aligned}\right\}
\tag{8.25}$$

8.2　内圧を受ける厚肉円筒問題

▶8.2.1　弾性状態

　図 8.3 に示す内半径が a，外半径が b の厚肉円筒に，内圧 p が作用しているとき，この円筒に生じる応力分布について考える．厚肉円筒に対して，図のように直角座標系

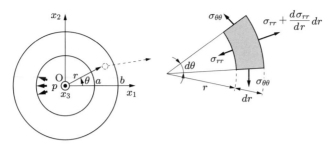

図 8.3 内圧を受ける厚肉円筒

(x_1, x_2, x_3) と円柱座標系 (r, θ, x_3) をとる. 半径方向に一様に内圧が作用するから, 応力成分は x_3 軸に対して軸対称となる. よって, 応力成分は σ_{rr}, $\sigma_{\theta\theta}$, σ_{33} のみとなり, せん断応力は発生しない. 円筒内で任意の半径 r と $r + dr$ の二つの面および, 角 $d\theta$ で囲まれた微小要素を図のように切り出せば, この微小要素の半径方向の力のつり合いの式から, つぎのような応力の平衡方程式が得られる.

$$\frac{d\sigma_{rr}}{dr} + \frac{\sigma_{rr} - \sigma_{\theta\theta}}{r} = 0 \tag{8.26}$$

この問題では半径方向の変位 $u = u(r)$ のみ生じる. よって, ひずみと変位の関係はつぎのようになる.

$$\varepsilon_{rr} = \frac{du}{dr}, \qquad \varepsilon_{\theta\theta} = \frac{u}{r} \tag{8.27}$$

一般化されたフックの法則は

$$\left.\begin{array}{l} \varepsilon_{rr} = \dfrac{1}{E}\left\{\sigma_{rr} - \nu(\sigma_{\theta\theta} + \sigma_{33})\right\} \\[2mm] \varepsilon_{\theta\theta} = \dfrac{1}{E}\left\{\sigma_{\theta\theta} - \nu(\sigma_{rr} + \sigma_{33})\right\} \\[2mm] \varepsilon_{33} = \dfrac{1}{E}\left\{\sigma_{33} - \nu(\sigma_{rr} + \sigma_{\theta\theta})\right\} \end{array}\right\} \tag{8.28}$$

であり, 応力成分について解くと,

$$\left.\begin{array}{l} \sigma_{rr} = \dfrac{E}{(1+\nu)(1-2\nu)}\left\{(1-\nu)\varepsilon_{rr} + \nu(\varepsilon_{\theta\theta} + \varepsilon_{33})\right\} \\[2mm] \sigma_{\theta\theta} = \dfrac{E}{(1+\nu)(1-2\nu)}\left\{(1-\nu)\varepsilon_{\theta\theta} + \nu(\varepsilon_{rr} + \varepsilon_{33})\right\} \\[2mm] \sigma_{33} = \dfrac{E}{(1+\nu)(1-2\nu)}\left\{(1-\nu)\varepsilon_{33} + \nu(\varepsilon_{\theta\theta} + \varepsilon_{rr})\right\} \end{array}\right\} \tag{8.29}$$

となる. 応力の平衡方程式 (8.26) に式 (8.29), (8.27) を代入して整理すると,

$$\frac{d^2 u}{dr^2} + \frac{1}{r}\frac{du}{dr} - \frac{u}{r^2} = 0 \tag{8.30}$$

が得られ，微分方程式 (8.30) の一般解は次式となる．

$$u = C_1 r + C_2 \frac{1}{r} \tag{8.31}$$

ここで，C_1, C_2 は未定係数である．この一般解を式 (8.27) に代入するとともに，これを応力成分式 (8.29) にふたたび代入すると，

$$\left.\begin{aligned}
\sigma_{rr} &= \frac{E}{(1+\nu)(1-2\nu)}\left\{C_1 - (1-2\nu)\frac{C_2}{r^2} + \nu\varepsilon_{33}\right\}\\
\sigma_{\theta\theta} &= \frac{E}{(1+\nu)(1-2\nu)}\left\{C_1 + (1-2\nu)\frac{C_2}{r^2} + \nu\varepsilon_{33}\right\}\\
\sigma_{33} &= \frac{E}{(1+\nu)(1-2\nu)}\left\{(1-\nu)\varepsilon_{33} + 2\nu C_1\right\}
\end{aligned}\right\} \tag{8.32}$$

が得られる．本問題では，厚肉円筒内面にのみ圧力が作用していることから，境界条件は

$$\left.\begin{aligned}
r &= a \text{ にて，} \sigma_{rr} = -p\\
r &= b \text{ にて，} \sigma_{rr} = 0
\end{aligned}\right\} \tag{8.33}$$

である．これを式 (8.32) に代入して未定係数 C_1, C_2 を求める．これをふたたび式 (8.32) に代入することで，つぎのように応力成分が得られる．

$$\left.\begin{aligned}
\sigma_{rr} &= \frac{a^2 p}{b^2 - a^2}\left(1 - \frac{b^2}{r^2}\right)\\
\sigma_{\theta\theta} &= \frac{a^2 p}{b^2 - a^2}\left(1 + \frac{b^2}{r^2}\right)\\
\sigma_{33} &= E\varepsilon_{33} + 2\nu\frac{a^2 p}{b^2 - a^2}
\end{aligned}\right\} \tag{8.34}$$

さらに本問題では，x_3 軸方向における厚肉円筒体の両端面に対して以下の条件（端面条件とよばれる）が必要となる．

(1) 両端面が閉じている条件

厚肉円筒体の両端面が閉じている場合には，

$$\int_a^b 2\pi r \sigma_{33}\, dr = \pi a^2 p \tag{8.35}$$

の関係式を満足していなければならない．これに式 (8.34) の第 3 式を代入すると，

$$\varepsilon_{33} = \frac{1-2\nu}{E}\frac{a^2}{b^2 - a^2}\, p \tag{8.36}$$

を得る．また，軸方向の応力成分はつぎのようになる．

$$\sigma_{33} = \frac{a^2}{b^2 - a^2} p \tag{8.37}$$

(2) 両端面が開いている条件

厚肉円筒体の両端面が閉じている場合には，

$$\int_a^b 2\pi r \sigma_{33} \, dr = 0 \tag{8.38}$$

の関係式を満足していなければならない．これに式 (8.34) の第 3 式を代入すると，

$$\varepsilon_{33} = -\frac{2\nu}{E} \frac{a^2}{b^2 - a^2} p \tag{8.39}$$

を得る．なお，軸方向の応力成分はつぎのようになる．

$$\sigma_{33} = 0 \tag{8.40}$$

(3) 平面ひずみ条件

厚肉円筒体の両端面が拘束されている場合には，

$$\varepsilon_{33} = 0 \tag{8.41}$$

を満足していなければならない．これにより，軸方向の応力成分はつぎのようになる．

$$\sigma_{33} = 2\nu \frac{a^2 p}{b^2 - a^2} \tag{8.42}$$

▶ 8.2.2 降伏

圧力がさらに増加すると，式 (8.34) の応力分布から厚肉円筒内面から降伏し始める．そこで，このときの圧力 p_c を求める．

厚肉円筒内面での応力成分は，式 (8.34) に $r = a$ を代入してつぎのように得られる．

$$\sigma_{rr} = -p, \qquad \sigma_{\theta\theta} = \frac{b^2 + a^2}{b^2 - a^2} p \tag{8.43}$$

一方，σ_{33} は両端面が閉じている条件では式 (8.37)，両端面が開いている条件では式 (8.40)，平面ひずみ条件では式 (8.42) となる．

よって，以上の端面条件に応じて降伏条件を求めていく．はじめにトレスカの降伏条件を仮定すると，両端面が閉じている条件，両端面が開いている条件，平面ひずみ条件とも等しく

$$\sigma_{\theta\theta} - \sigma_{rr} = \sigma_y \tag{8.44}$$

となる．よって，式 (8.44) に式 (8.43) を代入すると，圧力 p_c はつぎのようになる．

$$p_c = \frac{1}{2}\left(1 - \frac{a^2}{b^2}\right)\sigma_y \tag{8.45}$$

つぎにミーゼスの降伏条件を仮定すると，

$$(\sigma_{rr} - \sigma_{\theta\theta})^2 + (\sigma_{\theta\theta} - \sigma_{33})^2 + (\sigma_{33} - \sigma_{rr})^2 = 2\sigma_y^2 \tag{8.46}$$

である．両端面が閉じている条件では，これに式 (8.43)，(8.37) を代入すると，圧力 p_c は

$$p_c = \frac{1}{\sqrt{3}}\left(1 - \frac{a^2}{b^2}\right)\sigma_y \tag{8.47}$$

となる．また，両端面が開いている条件では，式 (8.46) に式 (8.43)，(8.40) を代入して，圧力 p_c は

$$p_c = \frac{1}{\sqrt{3}}\left(1 - \frac{a^2}{b^2}\right)\left(1 + \frac{1}{3}\frac{a^4}{b^4}\right)^{-\frac{1}{2}}\sigma_y \tag{8.48}$$

となる．

最後に，平面ひずみ条件では，式 (8.46) に式 (8.43)，(8.42) を代入すると，圧力 p_c はつぎのようになる．

$$p_c = \frac{1}{\sqrt{3}}\left(1 - \frac{a^2}{b^2}\right)\left\{1 + (1 - 2\nu)^2\frac{1}{3}\frac{a^4}{b^4}\right\}^{-\frac{1}{2}}\sigma_y \tag{8.49}$$

▶ 8.2.3 弾塑性状態

圧力がさらに増加すると，図8.4に示すように，厚肉球殻問題と同様にして塑性域が厚肉円筒内面から外側に向けて広がっていく．そこで，弾性域と塑性域の境界を $r = c$ とおくことにする．弾性域での応力分布は，式 (8.34) と同様の形状であり，その分布をつぎのようにおく．

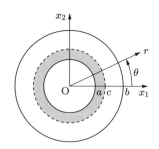

図 8.4 内圧を受ける厚肉円筒における弾性域と塑性域

$$\left.\begin{array}{l} \sigma_{rr}^e = C_3 - \dfrac{C_4}{r^2} \\[2mm] \sigma_{\theta\theta}^e = C_3 + \dfrac{C_4}{r^2} \end{array}\right\} \quad (c \le r \le b) \tag{8.50}$$

ここで，応力成分の上添字 e は弾性域でのそれを表す．また，C_3，C_4 は未定係数である．

塑性域については，簡単のためにトレスカの降伏条件を仮定すれば，応力の平衡方程式 (8.26) と降伏条件の式 (8.44) から，

$$\frac{d\sigma_{rr}^p}{dr} = \frac{\sigma_y}{r} \tag{8.51}$$

を得る. ここで, 応力成分の上添字 p は塑性域でのそれを表す. 式 (8.51) を積分すれば,

$$\sigma_{rr}^p = \sigma_y \ln r + C_5 \quad (a \leq r \leq c) \tag{8.52}$$

となり, さらに式 (8.52) を式 (8.44) に代入すると, 次式となる.

$$\sigma_{\theta\theta}^p = (\ln r + 1)\sigma_y + C_5 \quad (a \leq r \leq c) \tag{8.53}$$

ここで, C_5 は未定係数である.

本問題の境界条件は

$$\left.\begin{array}{l} r = a \text{ にて, } \sigma_{rr}^p = -p \\ r = c \text{ にて, } \sigma_{rr}^e = \sigma_{rr}^p \\ r = c \text{ にて, } \sigma_{\theta\theta}^e - \sigma_{rr}^e = \sigma_y \\ r = b \text{ にて, } \sigma_{rr}^e = 0 \end{array}\right\} \tag{8.54}$$

であるから, 式 (8.50), (8.52), (8.53) の未定係数が求められ, これにより弾塑性状態にある厚肉円筒の応力分布は

$$\left.\begin{array}{l} \sigma_{rr}^p = \sigma_y \left\{ \ln \dfrac{r}{c} - \dfrac{1}{2} \left(1 - \dfrac{c^2}{b^2} \right) \right\} \\[3mm] \sigma_{\theta\theta}^p = \sigma_y \left\{ \ln \dfrac{r}{c} + \dfrac{1}{2} \left(1 + \dfrac{c^2}{b^2} \right) \right\} \end{array}\right\} \quad (a \leq r \leq c) \tag{8.55}$$

$$\left.\begin{array}{l} \sigma_{rr}^e = \dfrac{1}{2} \dfrac{c^2}{b^2} \sigma_y \left(1 - \dfrac{b^2}{r^2} \right) \\[3mm] \sigma_{\theta\theta}^e = \dfrac{1}{2} \dfrac{c^2}{b^2} \sigma_y \left(1 + \dfrac{b^2}{r^2} \right) \end{array}\right\} \quad (c \leq r \leq b) \tag{8.56}$$

となる. ここで, 弾性域と塑性域の境界 $r = c$ は次式から求められる.

$$p = \sigma_y \left\{ \ln \dfrac{c}{a} + \dfrac{1}{2} \left(1 - \dfrac{c^2}{b^2} \right) \right\} \tag{8.57}$$

▶ 8.2.4 塑性崩壊

圧力がさらに増加して厚肉円筒の全壁面が塑性域に達した, すなわち塑性崩壊したとすると, そのときの圧力 p_U は式 (8.57) において $c = b$ とおけばつぎのように得られる.

$$p_U = \sigma_y \ln \frac{b}{a} \tag{8.58}$$

8.3　回転円板問題

▶ 8.3.1　弾性状態

図 8.5 に示す外半径 b，厚さ 1 の円板が一定角速度 ω で回転しているとき，この円板に生じる応力分布について考える．なお，円板の密度は ρ とする．この回転円板に対して図のように直角座標系 (x_1, x_2, x_3) と円柱座標系 (r, θ, x_3) をとる．半径方向に一様に遠心力が作用するから，応力分布は x_3 軸に対して軸対称となる．よって，応力成分は $\sigma_{rr}, \sigma_{\theta\theta}, \sigma_{33}$ となり，せん断応力は発生しない．円板内で任意の半径 r と $r + dr$ の二つの面および，角 $d\theta$ で囲まれた微小要素を図のように切り出せば，この微小要素に単位体積あたり $\rho r \omega^2 r\, d\theta\, dr$ が作用することを考慮して半径方向の力のつり合いの式から，つぎのような応力の平衡方程式が得られる．

$$\frac{d\sigma_{rr}}{dr} + \frac{\sigma_{rr} - \sigma_{\theta\theta}}{r} + \rho r \omega^2 = 0 \tag{8.59}$$

この問題では半径方向の変位 $u = u(r)$ のみ生じる．よって，ひずみと変位の関係は

$$\varepsilon_{rr} = \frac{du}{dr}, \qquad \varepsilon_{\theta\theta} = \frac{u}{r} \tag{8.60}$$

である．平面応力状態（$\sigma_{33} = 0$）を仮定すれば，一般化されたフックの法則は

$$\varepsilon_{rr} = \frac{1}{E}(\sigma_{rr} - \nu\sigma_{\theta\theta}), \qquad \varepsilon_{\theta\theta} = \frac{1}{E}(\sigma_{\theta\theta} - \nu\sigma_{rr}) \tag{8.61}$$

であるから，これを応力成分について解くと，つぎのようになる．

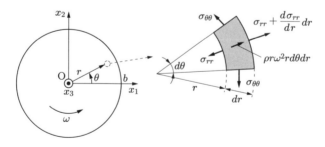

図 8.5　遠心力を受ける回転円板

$$\sigma_{rr} = \frac{E}{1+\nu}\left\{\varepsilon_{rr} + \frac{\nu}{1-\nu}(\varepsilon_{rr} + \varepsilon_{\theta\theta})\right\} \left.\begin{array}{c} \\ \\ \\ \\ \end{array}\right\}$$
$$\sigma_{\theta\theta} = \frac{E}{1+\nu}\left\{\varepsilon_{\theta\theta} + \frac{\nu}{1-\nu}(\varepsilon_{rr} + \varepsilon_{\theta\theta})\right\} \qquad (8.62)$$

応力の平衡方程式 (8.59) に式 (8.62), (8.60) を代入して整理すると,

$$\frac{d^2u}{dr^2} + \frac{1}{r}\frac{du}{dr} - \frac{u}{r^2} + \frac{1-\nu^2}{E}\rho r\omega^2 = 0 \qquad (8.63)$$

を得る. この微分方程式の一般解は,

$$u = C_1 r + C_2 \frac{1}{r} - \frac{1-\nu^2}{8E}\rho\omega^2 r^3 \qquad (8.64)$$

である. この一般解を式 (8.60) に代入するとともに, この結果を応力成分式 (8.62) にふたたび代入すれば,

$$\sigma_{rr} = \frac{E}{1-\nu^2}\left\{(1+\nu)C_1 - (1-\nu)\frac{C_2}{r^2} - \frac{(3+\nu)(1-\nu^2)}{8E}\rho r^2\omega^2\right\} \left.\begin{array}{c} \\ \\ \\ \\ \end{array}\right\}$$
$$\sigma_{\theta\theta} = \frac{E}{1-\nu^2}\left\{(1+\nu)C_1 + (1-\nu)\frac{C_2}{r^2} - \frac{(1+3\nu)(1-\nu^2)}{8E}\rho r^2\omega^2\right\}$$
$$(8.65)$$

を得る. 本問題の形状は円板であるため, $r \to 0$ にて応力成分と変位成分が有限値でなければならない. このためには, $C_2 = 0$ となる.

本問題の境界条件は, $r = b$ にて$\sigma_{rr} = 0$ であることから未定係数 C_1 が求められる. これを式 (8.65) に代入すると, 応力成分はつぎのようになる.

$$\sigma_{rr} = \frac{3+\nu}{8}\rho\omega^2(b^2 - r^2), \qquad \sigma_{\theta\theta} = \frac{3+\nu}{8}\rho\omega^2\left(b^2 - \frac{1+3\nu}{3+\nu}r^2\right)$$
$$(8.66)$$

▶ 8.3.2 降伏

式 (8.66) の応力分布より, 角速度が増加すると円板中心から降伏し始めることがわかる. そこでこのときの角速度を ω_c とおく. 回転円板中心での応力成分は, 式 (8.66) に $r = 0$ を代入することで求められ,

$$\sigma_{rr} = \sigma_{\theta\theta} = \frac{3+\nu}{8}\rho\omega^2 b^2 \qquad (8.67)$$

となる. 本問題では, トレスカの降伏条件を仮定する. 式 (8.66) より $\sigma_{\theta\theta} \geq \sigma_{rr} \geq \sigma_{33} = 0$ であるから,

$$\sigma_{\theta\theta} = \sigma_y \tag{8.68}$$

となり，式 (8.68) に式 (8.67) を代入して角速度 ω_c は，つぎのようになる．

$$\omega_c = \frac{2}{b} \sqrt{\frac{2\sigma_y}{(3+\nu)\rho}} \tag{8.69}$$

▶ 8.3.3　弾塑性状態

　回転円板の角速度をさらに増加させていくと，図8.6に示すように，塑性域が円板中心から外側に向けて広がっていく．ここで，弾性域と塑性域の境界を $r = c$ とおく．弾性域での応力分布は，式 (8.65) と同様の形状になり，その分布をつぎのようにおく．

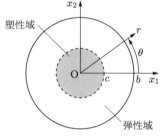

図 8.6　遠心力を受ける回転円板における弾性域と塑性域

$$\left.\begin{array}{l} \sigma_{rr}^e = C_3 - \dfrac{C_4}{r^2} - \dfrac{3+\nu}{8}\rho r^2 \omega^2 \\[2mm] \sigma_{\theta\theta}^e = C_3 + \dfrac{C_4}{r^2} - \dfrac{1+3\nu}{8}\rho r^2 \omega^2 \end{array}\right\} \quad (c \le r \le b) \tag{8.70}$$

ここで，応力成分の上添字 e は弾性域でのそれを表す．また，C_3, C_4 は未定係数である．

　塑性域については，トレスカの降伏条件を仮定すると，応力の平衡方程式 (8.59) と降伏条件の式 (8.68) から

$$\frac{d\sigma_{rr}^p}{dr} + \frac{\sigma_{rr}^p - \sigma_y}{r} + \rho r \omega^2 = 0 \tag{8.71}$$

を得る．ここで，応力成分の上添字 p は塑性域でのそれを表す．式 (8.71) は

$$\frac{d}{dr}\left(r\sigma_{rr}^p\right) = \sigma_y - \rho r^2 \omega^2$$

のようにまとめられ，これを積分すればつぎのようになる．

$$\sigma_{rr}^p = \sigma_y - \frac{1}{3}\rho r^2 \omega^2 + \frac{C_5}{r} \tag{8.72}$$

ここで，$r \to 0$ にて応力成分が有限値でなければならない．このためには，$C_5 = 0$ となる．よって，式 (8.72) は次式となる．

$$\sigma_{rr}^p = \sigma_y - \frac{1}{3}\rho r^2 \omega^2 \quad (0 \le r \le c) \tag{8.73}$$

　周方向応力成分は式 (8.68) に等しく，つぎのようになる．

$$\sigma_{\theta\theta}^p = \sigma_y \quad (0 \leq r \leq c) \tag{8.74}$$

本問題の境界条件は

$$\left.\begin{array}{l} r = c \, \text{にて,} \ \ \sigma_{rr}^e = \sigma_{rr}^p \\[4pt] r = c \, \text{にて,} \ \ \sigma_{\theta\theta}^e = \sigma_y \end{array}\right\} \tag{8.75}$$

であるから，これにより式 (8.70) の未定係数が求められ，これらの結果を式 (8.70) にふたたび代入して応力成分はつぎのようになる．

$$\left.\begin{array}{l} \sigma_{rr}^p = \sigma_y - \dfrac{1}{3}\,\rho r^2 \omega^2 \\[8pt] \sigma_{\theta\theta}^p = \sigma_y \end{array} \quad (0 \leq r \leq c) \right\} \tag{8.76}$$

$$\left.\begin{array}{l} \sigma_{rr}^e = \sigma_y - \dfrac{1}{24}\,\rho r^2 \omega^2 \left\{ 3(3+\nu) - 2(1+3\nu)\left(\dfrac{c}{r}\right)^2 + (1+3\nu)\left(\dfrac{c}{r}\right)^4 \right\} \\[12pt] \sigma_{\theta\theta}^e = \sigma_y - \dfrac{1+3\nu}{24}\,\rho r^2 \omega^2 \left\{ 3 - 2\left(\dfrac{c}{r}\right)^2 - \left(\dfrac{c}{r}\right)^4 \right\} \\[12pt] \hspace{12cm} (c \leq r \leq b) \end{array}\right\} \tag{8.77}$$

最後に回転円板の外周面では表面力が作用していないことから，$r = b$ にて $\sigma_{rr}^e = 0$ であり，これにより以下の関係式が得られる．

$$\sigma_y = \dfrac{1}{24}\,\rho b^2 \omega^2 \left\{ 3(3+\nu) - 2(1+3\nu)\left(\dfrac{c}{b}\right)^2 + (1+3\nu)\left(\dfrac{c}{b}\right)^4 \right\} \tag{8.78}$$

よって，この条件から塑性域の半径 $r = c$ が求められる．

▶ 8.3.4　塑性崩壊

角速度がさらに増加して回転円板の全面が塑性域に達した，すなわち塑性崩壊したとすると，そのときの角速度 ω_U は式 (8.78) において $c = b$ とおけばつぎのように得られる．

$$\omega_U = \dfrac{1}{b}\sqrt{\dfrac{3\sigma_y}{\rho}} \tag{8.79}$$

8.4　等分布荷重を受ける円板の曲げ問題

▶ 8.4.1　弾性状態

図 8.7 に示す外半径が b，厚さが h の円板が等分布荷重 p を受けているとき，この円板に生じる応力分布について考える．この円板に対して図のように直角座標系

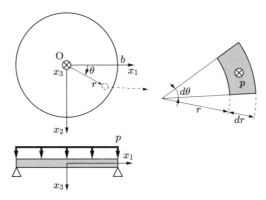

図 8.7　等分布荷重を受ける円板

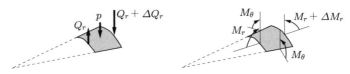

図 8.8　微小要素に作用するせん断力と曲げモーメント

(x_1, x_2, x_3) と円柱座標系 (r, θ, x_3) をとる．円板内で任意の半径 r と $r + dr$ の二つの面および，角 $d\theta$ で囲まれた微小要素を図のように切り出す．円板の形状が x_3 軸に対して軸対称であるから，この微小要素に作用するせん断力と曲げモーメントは図 8.8 のようになる．この微小要素に対する x_3 軸方向の力のつり合いの式から，つぎのようになる．

$$\frac{dQ_r}{dr} + \frac{Q_r}{r} + p = 0 \tag{8.80}$$

また，$r = r$ 面を中心に θ 軸まわりのモーメントのつり合いの式から，

$$\frac{dM_r}{dr} + \frac{M_r - M_\theta}{r} - Q_r = 0 \tag{8.81}$$

を得る．式 (8.81) を式 (8.80) に代入すると，以下の微分方程式を得る．

$$\frac{d^2 M_r}{dr^2} + 2\frac{1}{r}\frac{dM_r}{dr} - \frac{1}{r}\frac{dM_\theta}{dr} + p = 0 \tag{8.82}$$

　円板の鉛直下向きのたわみを w とすれば，円板に生じる垂直ひずみは

$$\varepsilon_{rr} = -x_3 \frac{d^2 w}{dr^2}, \qquad \varepsilon_{\theta\theta} = -x_3 \frac{1}{r}\frac{dw}{dr} \tag{8.83}$$

となることが弾性力学[†] で知られている．ここで，円板の厚さが薄いことを仮定すれ

---

†　荒井正行，「基礎から学ぶ弾性力学」，森北出版，2019，pp.125–128．

ば，平面応力状態におけるフックの法則から，応力成分

$$
\left.
\begin{aligned}
\sigma_{rr} &= -\frac{E}{1-\nu^2}\left(\frac{d^2w}{dr^2} + \nu\,\frac{1}{r}\,\frac{dw}{dr}\right)x_3 \\
\sigma_{\theta\theta} &= -\frac{E}{1-\nu^2}\left(\frac{1}{r}\,\frac{dw}{dr} + \nu\,\frac{d^2w}{dr^2}\right)x_3
\end{aligned}
\right\}
\tag{8.84}
$$

となる．円板の断面に生じている曲げモーメントは，垂直応力と

$$
M_r = \int_{-\frac{h}{2}}^{\frac{h}{2}} \sigma_{rr}x_3\,dx_3, \qquad M_\theta = \int_{-\frac{h}{2}}^{\frac{h}{2}} \sigma_{\theta\theta}\,x_3\,dx_3
\tag{8.85}
$$

のように関係づけられる．これに式 (8.84) を代入して

$$
M_r = -D\left(\frac{d^2w}{dr^2} + \nu\,\frac{1}{r}\,\frac{dw}{dr}\right), \qquad M_\theta = -D\left(\frac{1}{r}\,\frac{dw}{dr} + \nu\,\frac{d^2w}{dr^2}\right)
\tag{8.86}
$$

を得る．ここで，

$$
D = \frac{Eh^3}{12(1-\nu^2)}
\tag{8.87}
$$

であり，**平板の曲げ剛性**（flexural rigidity of plate）とよばれ，これは材質とその断面形状を特徴づける値である．式 (8.86) を式 (8.82) に代入して，以下の曲げを受ける円板のたわみの微分方程式を得る．

$$
\frac{1}{r}\,\frac{d}{dr}\left\{r\,\frac{d}{dr}\left(\frac{1}{r}\,\frac{d}{dr}\,r\,\frac{dw}{dr}\right)\right\} = \frac{p}{D}
\tag{8.88}
$$

この微分方程式の一般解は，つぎのようになる．

$$
w = \frac{pr^4}{64D} + \frac{1}{4}C_1 r^2(\ln r - 1) + \frac{1}{4}C_2 r^2 + C_3 \ln r + C_4
\tag{8.89}
$$

本問題では，円板の中心でたわみが有限値でなければならないことから，式 (8.89) において $C_1 = C_3 = 0$ となる．よって，たわみはつぎのようになる．

$$
w = \frac{pr^4}{64D} + \frac{1}{4}C_2 r^2 + C_4
\tag{8.90}
$$

これを式 (8.86) に代入すると，曲げモーメントはつぎのようになる．

$$
M_r = -D\left(\frac{3+\nu}{16}\,\frac{pr^2}{D} + \frac{1+\nu}{2}C_2\right)
\tag{8.91}
$$

本問題の境界条件は円板の周辺が単純支持されていることから

$$r = b \text{ において, } w = 0 \atop r = b \text{ において, } M_r = 0 \Bigg\} \tag{8.92}$$

となる．よって，式 (8.92) を式 (8.90)，(8.91) に代入することで未定係数を求め，これを式 (8.90)，(8.91) と式 (8.86) の第 2 式に代入して整理すると，

$$w = \frac{p}{64D}(r^2 - b^2)\left\{r^2 - \left(\frac{5+\nu}{1+\nu}\right)b^2\right\} \tag{8.93}$$

$$M_r = -\frac{p}{16}(3+\nu)(r^2 - b^2), \qquad M_\theta = -\frac{p}{16}\left\{(1+3\nu)r^2 - (3+\nu)b^2\right\} \tag{8.94}$$

となる．さらに，式 (8.93) を式 (8.84) に代入することで，つぎのように応力成分が得られる．

$$\sigma_{rr} = \frac{1}{16}\frac{3+\nu}{1-\nu^2}\frac{Ep}{D}(b^2 - r^2)x_3 \atop \sigma_{\theta\theta} = \frac{1}{16}\frac{3+\nu}{1-\nu^2}\frac{Ep}{D}\left(b^2 - \left(\frac{1+3\nu}{3+\nu}\right)r^2\right)x_3 \Bigg\} \tag{8.95}$$

▶ 8.4.2 降伏

圧力がさらに増加すると，式 (8.95) の応力分布から，円板下面の中心部から降伏が始まることがわかる．このときの圧力 p_c を求めてみよう．

式 (8.95) に $r = 0$ と $x_3 = h/2$ を代入すると，つぎのようになる．

$$\sigma_{rr} = \sigma_{\theta\theta} = \frac{1}{32}\left(\frac{3+\nu}{1-\nu^2}\right)\frac{Ep}{D}b^2h \tag{8.96}$$

本問題では平面応力状態を仮定していることから，$\sigma_{33} = 0$ である．よって，円板の半径方向に沿って各応力成分の間にはつぎの関係となっていることがわかる．

$$\sigma_{\theta\theta} \geq \sigma_{rr} \geq \sigma_{33} = 0 \tag{8.97}$$

この関係をふまえると，トレスカの降伏条件から

$$\sigma_{\theta\theta} = \sigma_y \tag{8.98}$$

となり，これに式 (8.96)，(8.98) から，圧力が

$$p_c = \frac{8h^2}{3(3+\nu)b^2}\sigma_y \tag{8.99}$$

になると，円板下面の中心部から降伏が始まることになる．

▶ 8.4.3　塑性崩壊

圧力がさらに増加すると，円板は板厚内部で弾塑性域が混在するようになる．ただし，これまでに扱ってきた問題と異なり，弾塑性の境界面は厚み方向のみならず半径方向にも分布することになるため，その解を得るのは難しい．そこで，以下では円板が曲げを受けて塑性崩壊するときの圧力 P_U を求めることにする．

塑性崩壊したとき，円板の $x_3 = 0$ 面を中心に応力分布は

$$\left.\begin{array}{l} \sigma_{\theta\theta} = -\sigma_y \quad \left(-\dfrac{h}{2} \leq x_3 < 0\right) \\[3mm] \sigma_{\theta\theta} = \sigma_y \quad \left(0 < x_3 \leq \dfrac{h}{2}\right) \end{array}\right\} \tag{8.100}$$

となる．よって，これを式 (8.85) に代入して積分すると，つぎのようになる．

$$M_\theta = \frac{1}{4}\,\sigma_y h^2 \tag{8.101}$$

一方，式 (8.80) を積分してせん断力 Q_r を求めると，つぎのようになる．

$$Q_r = -\frac{1}{2}\,pr + \frac{C_5}{r}$$

円板の中心部（$r = 0$）は有限値でなければならないから $C_5 = 0$ である．よって，

$$Q_r = -\frac{1}{2}\,pr \tag{8.102}$$

となる．式 (8.101) と式 (8.102) を式 (8.81) に代入すると，以下の微分方程式が得られる．

$$r\,\frac{dM_r}{dr} + M_r = \frac{1}{4}\,\sigma_y h^2 - \frac{1}{2}\,pr^2$$

これを積分すると，

$$M_r = \frac{1}{4}\,\sigma_y h^2 - \frac{1}{6}\,pr^2 + \frac{C_6}{r}$$

となる．ここでも先ほどと同様に円板の中心部（$r = 0$）は有限値でなければならないから $C_6 = 0$ となる．よって，曲げモーメントはつぎのようになる．

$$M_r = \frac{1}{4}\,\sigma_y h^2 - \frac{1}{6}\,pr^2 \tag{8.103}$$

円板の周辺（$r = b$）では $M_r = 0$ でなければならないことから，円板が塑性崩壊するときの圧力 p_U はつぎのようになる．

$$p_U = \frac{3h^2}{2b^2}\,\sigma_y \tag{8.104}$$

8.5 ▷ ねじりモーメントを受ける一様断面棒問題

▶ 8.5.1　弾性状態

図 8.9（a）に示すようなねじりモーメント T を受ける丸棒のねじり問題について考える．この棒の長さは l，半径は b とする．また，図のように直角座標系 (x_1, x_2, x_3) と円柱座標系 (r, θ, x_3) をとる．この丸棒に生じる応力成分を知るために，図 8.9（b）のような単位長さ 1，半径 r の丸棒がねじりを受ける問題から始める．図に示すように，棒の側面に描かれた線分 m–m，n–n が，ねじりモーメントを受けることで線分 m–m′，n-n′ へ変位したとする．丸棒断面からみると，丸棒の中心に関して m は m′ へ，n は n′ へ角度 θ だけ回転することから，丸棒側面における線分はねじりによりせん断変形していることがわかる．これによりせん断ひずみは

$$\gamma_{3\theta} = \frac{r\theta}{1} = r\theta \tag{8.105}$$

となる．ここで，せん断ひずみの下添字は，x_3 軸に垂直な面上で θ 方向にひずむ成分であることを示す．なお，その他のひずみ成分は発生しない．

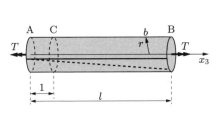

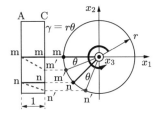

（a）ねじりモーメントを受ける丸棒　　（b）単位長さあたりの丸棒がねじられる様子

図 8.9　ねじりモーメントを受ける丸棒

フックの法則により，

$$\sigma_{3\theta} = G\gamma_{3\theta} = Gr\theta \tag{8.106}$$

であるから，ねじりモーメントはつぎのようになる．

$$T = \int_0^b (\sigma_{3\theta} 2\pi r\, dr) \cdot r \tag{8.107}$$

ここで，被積分項のはじめの括弧は円環形状の微小要素に生じているせん断応力の合力，つぎの r は丸棒中心からの距離である．式 (8.107) に式 (8.106) を代入すると，ねじりモーメントは

$$T = \int_0^b 2\pi r^3 G\theta \, dr = G\theta \frac{\pi}{2} b^4 \tag{8.108}$$

となり，この式から角度 θ，すなわち比ねじり角を求めると次式を得る．

$$\theta = \frac{2T}{G\pi b^4} \tag{8.109}$$

この結果を式 (8.106) に代入すれば，丸棒断面に生じる応力分布が求められる．

$$\sigma_{3\theta} = \frac{2T}{\pi b^4} r \tag{8.110}$$

よって，丸棒表面でもっともせん断応力が高いことがわかる．せん断応力の最大値は，式 (8.110) に $r = b$ を代入するとつぎのようになる．

$$\sigma_{3\theta} = \frac{2T}{\pi b^3} \tag{8.111}$$

▶ 8.5.2 降伏

ねじりモーメントが増加するにつれて丸棒表面で降伏が始まる．このときのねじりモーメント T_c を求める．トレスカの降伏条件は

$$\sigma_{3\theta} = \frac{1}{2} \sigma_y \tag{8.112}$$

であり，ミーゼスの降伏条件は

$$\sigma_{3\theta} = \frac{1}{\sqrt{3}} \sigma_y \tag{8.113}$$

であるから，降伏条件を

$$\sigma_{3\theta} = m\sigma_y \tag{8.114}$$

のようにおけば，トレスカの降伏条件は $m = 1/2$，ミーゼスの降伏条件は $m = 1/\sqrt{3}$ のようにまとめられる．よって，式 (8.111) と式 (8.114) より，

$$m\sigma_y = \frac{2T}{\pi b^3} \tag{8.115}$$

となり，この式から丸棒表面がはじめに降伏するときのねじりモーメント T_c は，つぎのようになる．

$$T_c = \frac{1}{2} \pi b^3 m\sigma_y \tag{8.116}$$

▶ 8.5.3　弾塑性状態

ねじりモーメントがさらに増加すると，塑性域が丸棒表面から中心へと広がっていく．このときの丸棒断面の応力分布はつぎのようにおく．

$$
\left.
\begin{aligned}
\sigma_{3\theta} &= m\sigma_y \frac{r}{c} \quad (0 \leq r \leq c) \\
\sigma_{3\theta} &= m\sigma_y \quad\quad (c \leq r \leq b)
\end{aligned}
\right\}
\tag{8.117}
$$

この応力分布に従ってねじりモーメントを求めると，

$$
T = \int_0^c 2\pi r^2 m\sigma_y \frac{r}{c}\, dr + \int_c^b 2\pi r^2 m\sigma_y\, dr
$$

であるから，これを計算すると，

$$
T = \frac{2}{3}\pi b^3 m\sigma_y \left\{ 1 - \frac{1}{4}\left(\frac{c}{b}\right)^3 \right\}
\tag{8.118}
$$

となる．これにより，塑性域の大きさ c はつぎのようになる．

$$
c = b\left\{ 4\left(1 - \frac{3T}{2\pi b^3 m\sigma_y}\right) \right\}^{\frac{1}{3}}
\tag{8.119}
$$

▶ 8.5.4　塑性崩壊

最後に，丸棒断面が全面塑性域，すなわち塑性崩壊するときのねじりモーメント T_U は，式 (8.118) に $c = 0$ とおいてつぎのように得られる．

$$
T_U = \frac{2}{3}\pi b^3 m\sigma_y
\tag{8.120}
$$

演習問題

8.1　内圧を受ける厚肉円筒問題（8.2節）において内圧（$p_c < p < p_U$）を除荷したとき，厚肉円筒壁中に生じる残留応力分布を求めよ．

8.2　内半径 a，外半径 b，厚さ 1 の中空円板が一定角速度 ω で回転しているとき，回転円板の内面で降伏が開始するときの角速度 ω_c，回転円板が塑性崩壊するときの角速度 ω_U をそれぞれ求めよ．なお，トレスカの降伏条件を仮定すること．

8.3　一定圧力を受ける円板曲げ問題において，その周辺（$r = b$）が固定支持されているとき，円板下面の中心部から降伏が始まるときの圧力 p_c を求めよ．なお，トレスカの降伏条件を仮定すること．

8.4　内半径 a，外半径 b の中空丸棒をねじるとき，丸棒表面ではじめに降伏するときのねじりモーメント T_c，丸棒断面が全面塑性域，すなわち塑性崩壊するときのねじりモーメント T_U をそれぞれ求めよ．

第9章 工学上重要な弾塑性問題

本章では，工学上重要な問題である応力集中問題，き裂問題，接触問題について説明する．機械設計において応力集中問題は非常に重要であり，その解が公式として与えられていると便利である．しかし，弾塑性問題において求めることができる厳密解は限られる．ただし，無限平板中の円孔問題については知られているので，ここではその解を紹介することにする．き裂問題においては，き裂先端近傍に形成される塑性域の大きさについて説明する．これは，材料強度学において非常に重要である．最後に接触問題では，球が接触するときに形成される塑性域の大きさと，押し込み荷重と圧痕の大きさの関係を公式として示す．これは，材料試験における硬さ試験，材料定数の測定などで必要となる．

9.1 応力集中問題

▶9.1.1 内圧を受ける無限平板中の円孔問題

はじめに，図 9.1 に示す内圧 p を受ける無限平板中の円孔問題について考える．この問題の解は，8.2 節における内圧を受ける厚肉円筒問題の解を利用すれば求められる．図のように，無限平板中に内半径 a の円孔が存在しており，その内面に圧力 p が作用している．この圧力が p_c に達したときに円孔表面が降伏する．さらに圧力が増加すると，円孔内面から半径方向に塑性域が広がっていく．ここで，弾性域と塑性域の

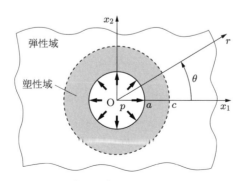

図 9.1 内圧を受ける無限平板中の円孔

境界線を $r = c$ とする．$p < p_c$ のとき，無限平板の至るところが弾性域であり，その応力分布は式 (8.34) と式 (8.40)，(8.42) に対して $b \to \infty$ と極限をとることで，平面応力（両端面が開いている条件），平面ひずみ状態ともにつぎのように表される．

$$\sigma_{rr} = -\left(\frac{a}{r}\right)^2 p, \qquad \sigma_{\theta\theta} = +\left(\frac{a}{r}\right)^2 p, \qquad \sigma_{33} = 0 \tag{9.1}$$

ここで，トレスカの降伏条件を仮定する．式 (9.1) における円孔表面（$r = a$）での応力成分をトレスカの降伏条件に代入すると，つぎの圧力 p_c に達したら円孔表面で降伏し始めることがわかる．

$$p_c = \frac{\sigma_y}{2} \tag{9.2}$$

この条件を超えて圧力が作用すると，塑性域が円孔表面から半径方向に広がっていく．このとき，弾性域と塑性域の境界線は，式 (8.57) に対して極限 $b \to \infty$ をとることで得られ，次式となる．

$$c = a \exp\left(\frac{p}{\sigma_y} - \frac{1}{2}\right) \tag{9.3}$$

図 9.2 に，弾性域と塑性域の境界線 c/a と，降伏応力で無次元化された圧力 p/σ_y の関係を示す．図より，圧力の増加に伴って境界線が半径方向に広がっていくことがわかる．なお，応力分布はつぎのようになる．

① $a \le r \le c$

$$\left.\begin{array}{l} \sigma_{rr} = \sigma_y \left(\ln\dfrac{r}{c} - \dfrac{1}{2}\right) = \sigma_y \ln\dfrac{r}{a} - p \\[3mm] \sigma_{\theta\theta} = \sigma_y \left(\ln\dfrac{r}{c} + \dfrac{1}{2}\right) = \sigma_y \left(1 + \ln\dfrac{r}{a}\right) - p \end{array}\right\} \tag{9.4}$$

② $c \le r < \infty$

$$\left.\begin{array}{l} \sigma_{rr} = -\dfrac{1}{2}\sigma_y \left(\dfrac{c}{r}\right)^2 = -\left(p - \sigma_y \ln\dfrac{c}{a}\right)\left(\dfrac{c}{r}\right)^2 \\[3mm] \sigma_{\theta\theta} = \dfrac{1}{2}\sigma_y \left(\dfrac{c}{r}\right)^2 = \left(p - \sigma_y \ln\dfrac{c}{a}\right)\left(\dfrac{c}{r}\right)^2 \end{array}\right\} \tag{9.5}$$

図 9.3 に圧力で無次元化された応力成分 σ/p と円孔半径で無次元化された半径方向の位置 r/a の関係を示す．図には $\lambda = p/\sigma_y$ が異なる二つの条件に対する結果が示されている．$\lambda = 0.5$ は円孔表面で降伏するときの条件（$p = p_c$）であり，$\lambda = 1.2$ は $c = 2.0a$ まで弾性域と塑性域の境界線が広がっている状態に相当する．図から，円孔表面が降伏するまで周方向応力 $\sigma_{\theta\theta}$ の値が円孔縁でもっとも高い，すなわち応力集中

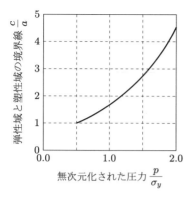

図 9.2 弾性域と塑性域の境界線

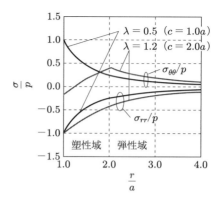

図 9.3 応力分布

を生じている．これに対して円孔縁が降伏すると，円孔周辺では塑性域が形成されるとともに周方向応力も低下する．このため，弾性問題では応力集中係数に注目したが，弾塑性問題においては塑性域の広がりに注目することが重要である．

▶ 9.1.2 等二軸引張りを受ける無限平板中の円孔問題

図 9.4 に示す等二軸引張りを受ける無限平板中の円孔問題について考える．この問題についても，8.2 節の結果を利用すれば簡単に解が求められる．

この問題の境界条件はつぎのようになる．

$$r = a \text{ にて,} \quad \sigma_{rr} = 0, \quad \sigma_{r\theta} = 0$$
$$r \to \infty \text{ にて,} \quad \sigma_{11} = p, \quad \sigma_{22} = p$$

上式の二つ目の境界条件は，極座標系からみると，

$$r \to \infty \text{ にて,} \quad \sigma_{rr} = \sigma_{\theta\theta} = p$$

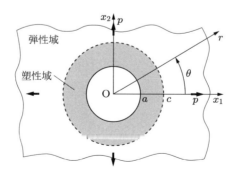

図 9.4 等二軸引張りを受ける無限平板中の円孔

と書き換えることができる．この座標変換が本問題を解くためのポイントとなる．

この問題においても円孔表面から降伏する．このときの遠方での引張応力を p_c とする．$p < p_c$ のとき，無限平板の至るところが弾性域であり，その応力分布は式 (9.1) の解に一様応力場の解 $\sigma_{rr} = p$, $\sigma_{\theta\theta} = p$ を重ね合せればよく，その結果はつぎのように表される．

$$\sigma_{rr} = \left\{ 1 - \left(\frac{a}{r} \right)^2 \right\} p, \qquad \sigma_{\theta\theta} = \left\{ 1 + \left(\frac{a}{r} \right)^2 \right\} p \tag{9.6}$$

ただし，平面応力状態において $\sigma_{33} = 0$，平面ひずみ状態において $\sigma_{33} = 2\nu p$ である．

ここで，トレスカの降伏条件を仮定する．式 (9.6) における円孔表面 $(r = a)$ での応力成分をトレスカの降伏条件に代入すると，つぎの引張応力 p_c に達したら円孔表面で降伏し始めることがわかる．

$$p_c = \frac{\sigma_y}{2} \tag{9.7}$$

この条件を超えて遠方で引張応力が作用すると，塑性域が円孔表面から半径方向に広がっていく．このとき，弾性域と塑性域の境界線は，式 (8.57) に対して極限 $b \to \infty$ をとることで得られ，次式となる．

$$c = a \exp \left(\frac{p}{\sigma_y} - \frac{1}{2} \right) \tag{9.8}$$

これは，内圧を受ける無限平板中の円孔問題での結果（式 (9.3)）と同じである．また，応力分布はつぎのようになる．

① $a \leq r \leq c$

$$\left. \begin{array}{l} \sigma_{rr} = \sigma_y \left(\ln \dfrac{r}{c} - \dfrac{1}{2} \right) + p = \sigma_y \ln \dfrac{r}{a} \\[3mm] \sigma_{\theta\theta} = \sigma_y \left(\ln \dfrac{r}{c} + \dfrac{1}{2} \right) + p = \sigma_y \left(1 + \ln \dfrac{r}{a} \right) \end{array} \right\} \tag{9.9}$$

② $c \leq r < \infty$

$$\left. \begin{array}{l} \sigma_{rr} = p - \dfrac{1}{2} \sigma_y \left(\dfrac{c}{r} \right)^2 = p - \left(p - \sigma_y \ln \dfrac{c}{a} \right) \left(\dfrac{c}{r} \right)^2 \\[3mm] \sigma_{\theta\theta} = p + \dfrac{1}{2} \sigma_y \left(\dfrac{c}{r} \right)^2 = p - \left(p - \sigma_y \ln \dfrac{c}{a} \right) \left(\dfrac{c}{r} \right)^2 \end{array} \right\} \tag{9.10}$$

図 9.5 に無限遠方での引張応力で無次元化された応力成分 σ/p と円孔半径で無次元化された半径方向の位置 r/a の関係を示す．図には $\lambda = p/\sigma_y$ が異なる二つの条件に対する結果が示されている．$\lambda = 0.5$ は円孔表面で降伏するときの条件（$p = p_c$）で

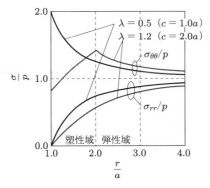

図 9.5 応力分布

あり，$\lambda = 1.2$ は $c = 2.0a$ まで弾性域と塑性域の境界線が広がっている状態に相当している．図から，遠方で一様引張応力を受ける円孔の問題においても，内圧を受ける円孔の問題で得られた結果と同様に，表面が降伏するまで周方向応力 $\sigma_{\theta\theta}$ の値が円孔縁でもっとも高い．その後，円孔縁が降伏することで，円孔周辺では塑性域が形成されるとともに周方向応力も低下する．

▶9.1.3 二軸引張りを受ける無限平板中の円孔問題

図 9.6 に示す二軸引張りを受ける無限平板中の円孔問題について考える．この問題の境界条件はつぎのようになる．

$$r = a \text{ にて,} \quad \sigma_{rr} = 0, \qquad \sigma_{r\theta} = 0$$

$$r \to \infty \text{ にて,} \quad \sigma_{11} = p, \qquad \sigma_{22} = q$$

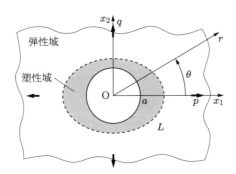

図 9.6 二軸引張りを受ける無限平板中の円孔

この問題の厳密解はガーリン（Galin）によって求められている[†,††]．この問題の解法を示すことは本書の範囲を超えているので，ここではその結果のみを示す．

円孔表面から楕円形（図中の L）に塑性域が広がっているものとする．トレスカの降伏条件を仮定すれば，塑性域での応力分布は式 (9.9) に一致する．一方，弾性域と塑性域の境界線の外側は弾性域であり，その応力分布は，境界線（L）の楕円形状に沿った曲線座標系のもとで求められる．曲線座標系における応力分布は，弾性力学における複素応力関数法により求めることができる．

無限平板の至るところが弾性域であるとき，その応力分布は平面応力状態においてつぎのように表される．

$$
\left.
\begin{aligned}
\sigma_{rr} &= \frac{1}{2}\left\{1 - \left(\frac{a}{r}\right)^2\right\}(p+q) + \frac{1}{2}\left\{1 + 3\left(\frac{a}{r}\right)^4 - 4\left(\frac{a}{r}\right)^2\right\}(p-q)\cos 2\theta \\
\sigma_{\theta\theta} &= \frac{1}{2}\left\{1 + \left(\frac{a}{r}\right)^2\right\}(p+q) - \frac{1}{2}\left\{1 + 3\left(\frac{a}{r}\right)^4\right\}(p-q)\cos 2\theta
\end{aligned}
\right\}
$$

$$(9.11)$$

トレスカの降伏条件を仮定すると，以下の条件に達したら円孔表面から降伏する．

$$
3p - q = \sigma_y \tag{9.12}
$$

ただし，$p > q$ とする．この条件式は，式 (9.11) において $r = a$，$\theta = \pi/2$ とおいて得られた

$$
\sigma_{\theta\theta} = 3p - q
$$

から容易に示すことができる．

この条件を超えて遠方で引張応力が作用すると，塑性域が円孔表面から半径方向に広がっていく．弾性域と塑性域の境界線は，ガーリンによりつぎのようになることが示されている．

$$
\frac{x_1^2}{c^2\left(1+\beta\right)^2} + \frac{x_2^2}{c^2\left(1-\beta\right)^2} = 1 \tag{9.13}
$$

ここで，

$$
\beta = -\frac{p-q}{\sigma_y} \tag{9.14}
$$

† L.A. Galin, "The plane elastic-plastic problem", Prikl. Matematika I Mekhanika, Vol.10, No.3, 1946, pp.367–386.

†† B.D. Annin and G.P. Cherepanov, "Elastic-plastic problem", ASME Press Translations, 1988, pp.128–135.

と

$$c = a \exp\left(\frac{p+q}{2\sigma_y} - \frac{1}{2}\right) \tag{9.15}$$

である．また，塑性域内での応力分布はつぎのように与えられる．

$$\sigma_{rr} = \sigma_y \ln\frac{r}{a}, \qquad \sigma_{\theta\theta} = \sigma_y\left(1 + \ln\frac{r}{a}\right) \tag{9.16}$$

9.2　き裂問題

　図 9.7 に示すような平板中に存在するき裂問題について考えてみよう．図において，き裂面に沿って x_1 軸，き裂先端を原点に鉛直上向き方向に x_2 軸をとる．これとは別に x_1 軸から反時計回りに角度 θ 方向に r 軸をとる．このとき，き裂先端近傍での応力場は固有解析法により求められ，その結果はつぎのようになることが知られている[†]．解は無限級数で展開されているが，他に比べて大きな値をもつ項のみを示すと，

$$\left.\begin{array}{l} \sigma_{rr} = \dfrac{C_1}{4}\, r^{-\frac{1}{2}}\left(5\cos\dfrac{\theta}{2} - \cos\dfrac{3\theta}{2}\right) + \cdots \\[3mm] \sigma_{\theta\theta} = \dfrac{C_1}{4}\, r^{-\frac{1}{2}}\left(3\cos\dfrac{\theta}{2} + \cos\dfrac{3\theta}{2}\right) + \cdots \\[3mm] \sigma_{r\theta} = \dfrac{C_1}{4}\, r^{-\frac{1}{2}}\left(\sin\dfrac{\theta}{2} + \sin\dfrac{3\theta}{2}\right) + \cdots \end{array}\right\} \tag{9.17}$$

となる．式 (9.17) における係数 C_1 は，通常

$$C_1 = \frac{K_I}{\sqrt{2\pi}} \tag{9.18}$$

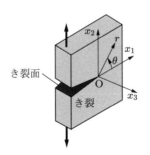

図 9.7　平板中のき裂

[†]　荒井正行，「基礎から学ぶ弾性力学」，森北出版，2019, pp.112–117.

とおかれる．ここで，K_I は**応力拡大係数**（stress intensity factor）とよばれ，**破壊力学**（fracture mechanics）において重要なパラメータである．ここでは，破壊力学の詳細には踏み込まず，き裂先端近傍に生じる塑性域のみに注目しよう．

さて，式 (9.17) と式 (9.18) からわかるように，き裂先端では応力が無限大となる．これは，**応力特異場**（stress singularity field）とよばれ，き裂先端を中心にして角度と半径方向に依存して，応力分布は

$$\sigma \propto \frac{K_I}{\sqrt{2\pi r}} f(\theta) \tag{9.19}$$

のように無限遠に向けて減衰していく．この式においては無限遠での応力がゼロに漸近しているが，厳密には遠方から作用している応力場に漸近しなければならない．このため，式 (9.19) はき裂先端近傍に限定された解であることに注意してほしい．

実際には，式 (9.19) のような応力場となることはなく，き裂先端近傍における応力場は降伏条件に達して，塑性域が形成されることになる．塑性域は関数

$$c = F(\theta) \tag{9.20}$$

のように角度に依存して変化する．しかし，この関数を求めるのは容易ではない．そこで，以下では垂直応力 $\sigma_{22} = \sigma_{\theta\theta}|_{\theta=0}$ に注目し，$\theta = 0$ 面上での塑性域の大きさについて考える．き裂は $\theta = 0$ 面上に沿って進展するから，この面上のみで塑性域の大きさを考えても差し支えない．

図 9.8 に垂直応力 $\sigma_{22} = \sigma_{\theta\theta}|_{\theta=0}$ の分布を示す．き裂先端前縁でのき裂面上の応力分布は，式 (9.17) と式 (9.18) から，

$$\sigma_{22} = \frac{K_I}{\sqrt{2\pi r}} \tag{9.21}$$

のように変化することがわかる．なお，高次項はすべて無視している．この式から，応力分布においてその形状は $1/\sqrt{r}$ を保ち，かつ応力拡大係数により応力の大きさが決まることがわかる．破壊力学における応力拡大係数の重要さはこの点にある．

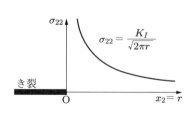

図 9.8　き裂先端近傍での応力分布

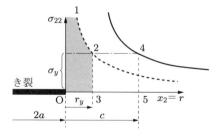

図 9.9　き裂先端近傍での塑性域の決定方法

図 9.9 にふたたびき裂前縁での応力分布を示す．あらゆる領域が弾性域であるとすれば，式 (9.21) から図中の破線 1–2 のように応力が分布する．ここで，無限平板中に長さ $2a$ のき裂が存在し，き裂面（$\theta = \pm\pi$ 面）に垂直な方向に遠方引張応力 σ が作用するときの応力拡大係数はよく知られており，

$$K_I = \sigma\sqrt{\pi a} \tag{9.22}$$

である．これを式 (9.21) に代入すると，

$$\sigma_{22} = \sigma\sqrt{\frac{a}{2r}} \tag{9.23}$$

となる．トレスカの降伏条件に従って材料が降伏するものとすれば，

$$\sigma_{22} - \sigma_{33} = \sigma_y \tag{9.24}$$

となる．ここで，平面応力状態を仮定すると $\sigma_{33} = 0$ であるから，$\sigma_{22} = \sigma_y$ となる．よって，図中の塑性域の大きさ r_y は，式 (9.23) に $\sigma_{22} = \sigma_y$ を代入して次式となる．

$$r_y = \frac{a}{2}\left(\frac{\sigma}{\sigma_y}\right)^2 \tag{9.25}$$

しかし，図 9.9 においてき裂先端近傍では応力が降伏応力を超えているため（1–2 の部分），図中のグレーで囲まれた面積 1–2–3 に一致するように応力分布 (9.23) が座標軸 x_1 に沿って 2–3 から 4–5 へと右側に平行移動しなければならない．これにより，実際の塑性域の大きさ c は，

$$\int_0^{r_y} \sigma_{22}\,dr = \sigma_y c \tag{9.26}$$

から求めることができる．式 (9.26) に式 (9.23)，(9.25) を代入して整理すると，その大きさがつぎのように求められる．

$$c = a\left(\frac{\sigma}{\sigma_y}\right)^2 \tag{9.27}$$

さらに，式 (9.22) を代入して応力拡大係数で表すと，

$$c = \frac{1}{\pi}\left(\frac{K_I}{\sigma_y}\right)^2 \tag{9.28}$$

となる．詳しい計算は省略するが，平面ひずみ状態における塑性域の大きさは，

$$c = \frac{1}{3\pi}\left(\frac{K_I}{\sigma_y}\right)^2 \tag{9.29}$$

であることが知られている．この式から，遠方での引張応力が増加すると応力拡大係数 K_I が増加することになり，塑性域の大きさは応力の二乗に比例して大きくなることがわかる．塑性域の外側は弾性域であり，そこでの応力分布はもとの分布式 (9.21) を座標軸 x_1 に沿って右側に c だけ移動させた次式となる．

$$\sigma_{22} = \frac{K_I}{\sqrt{2\pi(r-c)}} \tag{9.30}$$

もし塑性域の大きさが十分小さい場合には，式 (9.30) において $r \gg c$ であるから，

$$\sigma_{22} \approx \frac{K_I}{\sqrt{2\pi r}} \tag{9.31}$$

のようにみなしてき裂先端近傍での塑性域を無視して弾性体における応力場で表してもよい．このように，塑性域が十分小さいときを**小規模降伏**（small scale yielding）の状態にあるという．

　塑性域がどの程度の大きさであればき裂先端が小規模降伏状態にあるとみなせるのか，多くの研究者によってこれまでに調べられた結果によれば，き裂長さの 20% 程度以内に塑性域の大きさが収まっていれば小規模降伏状態にあるものとみなしてよいと考えられている[†]．

9.3 ## 接触問題

　剛体圧子が押し込まれた半無限弾塑性体の問題について考える．このような問題は，**接触問題**（contact problem）とよばれる．接触問題は，たとえばボールベアリングなど多くの機械要素においてみられる．また，材料の機械的特性を簡便に評価するための**硬さ試験**（hardness test）においてもここで得られる結果は重要である．それは，硬さ試験により得られた結果から材料の降伏応力を評価できるからである．

　図 9.10 に半径 R の剛体球圧子が半無限弾塑性体に押し込まれている様子を示す．弾完全塑性体である半無限体表面に対して球圧子が押し込み荷重 P で押し込まれている．このときの接触半径を a とする．ジョンソン（Johnson）により球圧子の接触領域直下では**核**（core）とよばれる領域が形成されると考えてよいことが提案されている．このとき，この核の半径は接触半径に等しいとする．そして，この核の外側に塑性域（$a \leq r \leq c$），さらに外側に弾性域（$c \leq r < \infty$）が広がっているものとする．このような状態において，核表面から塑性域内面（$r = a$）に静水圧 p_m が作用する

[†]　小倉敬二，「破壊力学入門—小規模降伏—」，材料，32 巻，361 号，1983，pp.1194–1199．岡村弘之，「線形破壊力学入門」，培風館，1997，pp.73–85．

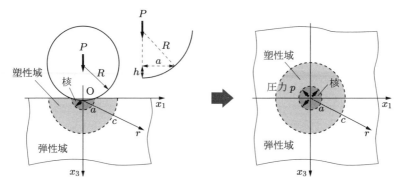

図 9.10 剛体球圧子が半無限体に押し込まれている様子

が，この静水圧は球圧子による面圧

$$p = \frac{P}{\pi a^2} \tag{9.32}$$

に等しいものとする．このように核を介して接触圧力 p が半無限体に伝わるようなモデルは**キャビティモデル**（cavity model）とよばれる[†]．さらに，このモデルをジョンソンが導入した仮定に従って，図 9.10 右図のように置き換える．すると，8.1 節で扱った内圧を受ける厚肉球殻問題で導いた解をそのまま利用できる．式 (8.19)，(8.20)，(8.21) において厚肉球殻の外半径 $b \to \infty$ とおくと，内半径 a に圧力 p を受けるときの弾塑性問題の解がつぎのように得られる．

$$p = 2\sigma_y \left(\ln \frac{c}{a} + \frac{1}{3} \right) \tag{9.33}$$

応力分布は

$$\sigma_{rr}^p = \frac{2}{3}\sigma_y \left(3\ln \frac{r}{c} - 1 \right), \qquad \sigma_{\theta\theta}^p = \frac{2}{3}\sigma_y \left(3\ln \frac{r}{c} + \frac{1}{2} \right) \quad (a \le r \le c) \tag{9.34}$$

$$\sigma_{rr}^e = -\frac{2}{3}\frac{c^3}{r^3}\sigma_y, \qquad \sigma_{\theta\theta}^e = \frac{1}{3}\frac{c^3}{r^3}\sigma_y \quad (c \le r < \infty) \tag{9.35}$$

であり，さらに，塑性域での半径方向の変位は

$$u = \frac{r\sigma_y}{E} \left\{ 2(1-2\nu) \left(\ln \frac{r}{c} - \frac{1}{3} \right) + (1-\nu)\frac{c^3}{r^3} \right\} \tag{9.36}$$

である．なお，変位式 (9.36) の導出については章末の演習問題にのせているのでそちらをみてほしい．

[†] K. L. Johnson, "Contact Mechanics", Cambridge University Press, 1989, pp.170–177.

圧子が Δh だけ押し込まれることで圧排された体積の変化は，

$$\pi a^2 \Delta h = 2\pi a^2 \Delta u|_{r=a} \tag{9.37}$$

となる．弾性域と塑性域の境界線の変化に対して圧排体積は，つぎのような比率に従って変化する．

$$\pi a^2 \frac{dh}{dc} = 2\pi a^2 \frac{du}{dc}\bigg|_{r=a} \tag{9.38}$$

式 (9.38) に式 (9.36) を代入すると，

$$\frac{dh}{dc} = 2\frac{\sigma_y}{E}\left\{3(1-\nu)\frac{c^2}{a^2} - 2(1-2\nu)\frac{a}{c}\right\} \tag{9.39}$$

となる．ここで，

$$\frac{dh}{dc} = \frac{dh}{da}\frac{da}{dc} \tag{9.40}$$

であり，核表面の位置に対する弾性域と塑性域の境界線の位置の比がつねに一定となるよう変化するものと仮定すれば，

$$\frac{da}{dc} = \frac{a}{c} \tag{9.41}$$

となる．これを式 (9.40) に代入すると，

$$\frac{dh}{dc} = \frac{a}{c}\frac{dh}{da} \tag{9.42}$$

となり，これを式 (9.39) に代入して整理すると，

$$\frac{dh}{da} = 2\frac{\sigma_y}{E}\left\{3(1-\nu)\frac{c^3}{a^3} - 2(1-2\nu)\right\} \tag{9.43}$$

を得る．ここで，式 (9.43) の左辺は，押し込み量と接触半径の比であり，この比は圧子形状によって決まる．たとえば，その形状が球であれば，

$$h = \frac{1}{2}\frac{a^2}{R}$$

であるから

$$\frac{dh}{da} = \frac{a}{R} \tag{9.44}$$

となる．また，圧子形状が円錐のときは

$$\frac{dh}{da} = \tan\beta \tag{9.45}$$

となる．ここで，角度 β は半無限体表面と円錐斜面の間のなす角である．

式 (9.43) に式 (9.44) を代入すると，

$$\frac{c}{a} = \left\{ \frac{1}{6} \frac{E}{(1-\nu)\sigma_y} \frac{a}{R} + \frac{2}{3} \frac{1-2\nu}{1-\nu} \right\}^{\frac{1}{3}} \tag{9.46}$$

が得られ，これを式 (9.33) に代入すれば，

$$p = \frac{2}{3} \sigma_y \left[\ln \left\{ \frac{1}{6} \frac{E}{(1-\nu)\sigma_y} \frac{a}{R} + \frac{2}{3} \frac{1-2\nu}{1-\nu} \right\} + 1 \right] \tag{9.47}$$

となる．ここで，ポアソン比を $\nu \approx 0.5$ とみなすと，式 (9.47) はさらに簡単な次式となる．

$$p \ \left(= \frac{P}{\pi a^2} \right) = \frac{2}{3} \sigma_y \left\{ \ln \left(\frac{1}{3} \frac{E}{\sigma_y} \frac{a}{R} \right) + 1 \right\} \tag{9.48}$$

この式は，つぎのように書き換えることもできる．

$$\frac{P}{\pi a^2} = \frac{2}{3} \sigma_y \ln \frac{a}{R} + n \tag{9.49}$$

ここで，n は次式である．

$$n = \frac{2}{3} \sigma_y \left(1 + \ln \frac{E}{3\sigma_y} \right) \tag{9.50}$$

式 (9.49) から，接触半径 a と押し込み荷重 P の関係を測定することで，材料の降伏応力を評価できる．また，硬さは降伏応力と直接関係した量であることもわかる．

演習問題

9.1　ガーリンは，図 9.11 に示す二軸引張りを受ける無限平板中の円孔問題において，境界条件として

$$r = a \text{ にて，} \sigma_{rr} = \sigma, \qquad \sigma_{r\theta} = \tau$$
$$r \to \infty \text{ にて，} \sigma_{11} = p, \qquad \sigma_{22} = q$$

のときの解を導出している．塑性域での解はつぎのようになる．

$$\left. \begin{array}{l} \sigma_{rr} = k \left\{ 2\ln(\sqrt{r^2 - A} + \sqrt{r^2 + A}\,) - \dfrac{\sqrt{r^4 - A^2}}{r^2} \right\} + Bk \\[3mm] \sigma_{\theta\theta} = k \left\{ 2\ln(\sqrt{r^2 - A} + \sqrt{r^2 + A}\,) + \dfrac{\sqrt{r^4 - A^2}}{r^2} \right\} + Bk \\[3mm] \sigma_{r\theta} = \dfrac{Ak}{r^2} \end{array} \right\} \tag{9.51}$$

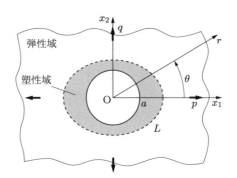

図 9.11　二軸引張りを受ける無限平板中の円孔

式 (9.51) の A と B は次式で表される.

$$A = \frac{\tau a^2}{k}, \qquad B = \frac{\sigma}{k} - \left\{ 2\ln(\sqrt{a^2 + A} + \sqrt{a^2 - A}) - \frac{\sqrt{a^4 - A^2}}{a^2} \right\}$$

また，弾性域と塑性域の境界線は

$$\frac{x_1^2}{c^2(1+\beta)^2} + \frac{x_2^2}{c^2(1-\beta)^2} = 1 \tag{9.52}$$

で与えられ，

$$\beta = -\frac{p-q}{2k} \tag{9.53}$$

$$c = a \exp\left(\frac{p+q-2\sigma}{4k} - \frac{1}{2} \right) \tag{9.54}$$

$$k = \frac{\sigma_y}{2} \tag{9.55}$$

である．このとき，ガーリンの解は，(1) 内圧を受ける無限平板中の円孔問題（式 (9.4)），(2) 等二軸引張りを受ける無限平板中の円孔問題（式 (9.9)），(3) 二軸引張りを受ける無限平板中の円孔問題（式 (9.16)）についてすでに得ている結果に一致していることを確認せよ．

9.2　式 (9.36) を導出せよ.

◀第10章▶ クリープ変形問題

高温にさらされる機械構造物の代表的なものとして，ボイラー，タービン，化学プラントなどの圧力容器が挙げられる．これらを設計する際，部品に作用する応力を十分に低く設定したとしても，ボイラーや圧力容器の壁面が時間とともに膨張する．一方，タービンは遠心力が作用する方向に時間とともに伸びる．また，き裂が発生したり，破断したりする場合がある．このような現象はクリープとよばれる．高温で使用されている機械構造物の設計に際して，このクリープ変形やそれにより破断するまでのクリープ寿命を把握することは重要である．そこで，本章ではクリープ変形やクリープ寿命の計算方法について詳しく説明する．

10.1 クリープ変形

図 10.1 に剛体天井から吊り下げられた棒の問題を示す．はじめに基準温度 T_0 のもとで断面積 A，長さ l の棒が剛体壁から吊り下げられている（図 10.1（a））．つぎに，この棒を温度 T まで加熱する（図 10.1（b））．すると，棒の長さが l から $l + \alpha \Delta T l$ へ膨張する．ここで，$\Delta T = T - T_0$，α は熱膨張係数である．最後に棒の自由端に鉛直下向きにおもり P を吊り下げる．これにより，棒の長さは $l + \alpha \Delta T l + Pl/(EA)$ のように伸びることになる（図 10.1（c））．ところでこれまでに学んできた知識によれば，時間が変化しても棒の長さは変わることはない．しかし，棒が高温にさらされるとき，時間とともに棒がゆっくりと伸びていくことが実験的に確認されている．図 10.1

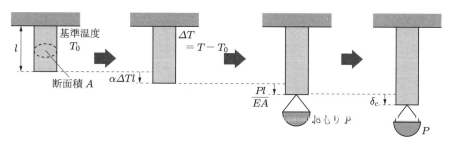

（a）無負荷 （b）加熱による熱膨張 （c）負荷 （d）荷重を一定に保持

図 10.1 剛体天井から吊り下げられた棒

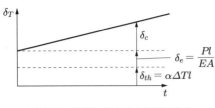

図 10.2 時間に伴う棒の伸びの変化

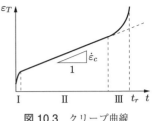

図 10.3 クリープ曲線

（d）にはこの伸びが δ_c で示されている．このように時間とともに生じる伸びの現象は**クリープ**（creep）とよばれている．ここで，棒が時間とともに伸びる様子を図 10.2 に模式的に示す．

この模式図に示すように，棒が加熱されたことによる熱伸び δ_{th}，そして吊り下げられたおもりによる弾性変形 δ_e，その後，おもりが保持されている間に生じたクリープ変形 δ_c が生じ，時間とともにクリープ変形が増加していく．その結果，棒に生じる全伸び δ_T は

$$\delta_T = \delta_{th} + \delta_e + \delta_c \tag{10.1}$$

で表される．ここで，両辺を元長さ l で割ることで全ひずみ ε_T は

$$\varepsilon_T = \varepsilon_{th} + \varepsilon_e + \varepsilon_c \tag{10.2}$$

となる．右辺第 1 項は熱ひずみ，第 2 項は弾性ひずみ，第 3 項はクリープひずみである．式 (10.2) の両辺を時間微分すると，つぎのようになる．

$$\dot{\varepsilon}_T = \dot{\varepsilon}_c \tag{10.3}$$

よって，棒に生じたひずみ速度は，クリープひずみ速度で支配されていることがわかる．

図 10.3 に試験により計測される全ひずみと時間の関係を模式的に示す．図は**クリープ曲線**（creep curve）とよばれ，材料の種類によらず図に示すように全ひずみが時間とともに変化していく．クリープ曲線は，時間に対するひずみの変化率の違いに応じて 3 段階に分類される．クリープ変形の初期，すなわち時間に対するひずみの変化率が低下している領域は**第 I 期クリープ**（primary creep）あるいは**遷移クリープ**（transient creep）とよばれる．つぎに時間に対するひずみの変化率が一定（$\dot{\varepsilon}_c$＝一定）となる領域は**第 II 期クリープ**（secondary creep）あるいは**定常クリープ**（steady creep）とよばれる．ここで，$\dot{\varepsilon}_c$ は**定常クリープ速度**（steady creep rate または minimum creep rate）とよばれ，クリープ変形を計算するうえで重要である．最後に時間に対するひずみの変化率が急激に増加して棒が破断する．この領域は**第 III 期クリープ**（tertiary creep）あるいは**加速クリープ**（accelerating creep）とよばれる．棒が破断するまでの時間は**クリープ寿命**（creep rupture time）とよばれ，通常，記号 t_r が用いられる．なお，棒が加熱される温度が高く，かつ荷重が増加するにつれて定常クリープ速度が速くなり，クリープ寿命も短くなることが知られている．

クリープ変形を計算する際にクリープ曲線におけるひずみ速度が重要であり，これは

$$\dot{\varepsilon}_c = \Phi(\sigma, T) \cdot \Psi(t) \tag{10.4}$$

のように表される．ここで，右辺における Φ は応力と温度を変数にもつ関数，Ψ は時間を変数にもつ関数であり，この関数は，第 I 期クリープにおけるひずみ速度の低下，すなわち硬化現象を表現しようとするために組み込まれたものである．本章では，第 I 期クリープにおけるひずみ速度の変化は考慮せず，第 II 期クリープにおける定常クリープ速度のみを考慮する．すると，式 (10.4) は

$$\dot{\varepsilon}_c = \Phi(\sigma, T) \tag{10.5}$$

のように表される．関数 Φ についてさまざまな式が提案されているが，本章では機械設計でもっとも使用されている次式を用いることにする．

$$\dot{\varepsilon}_c = k\sigma^n \tag{10.6}$$

この式は，**ノートン則**（Norton's law）とよばれ，定数 k と n は材料の種類，温度によって異なる値をとることが知られている．

10.2 曲げを受けるはりのクリープ変形

図 10.4 に示す曲げモーメント M を受けるはりの応力分布を求めてみる．はりの断面形状は，高さ h，幅 b の長方形とする．はりが弾性変形するとき，はりに生じる垂直ひずみ ε は曲率半径 ρ の逆数，すなわち曲率 κ とつぎのように関係づけられる．

$$\varepsilon = y\kappa \tag{10.7}$$

クリープ変形の計算においては，垂直ひずみ ε を定常クリープ速度 $\dot{\varepsilon}_c$，曲率 κ を時間変化に伴う曲率の変化率 $\dot{\kappa}$ に置き換えればよく，

図 10.4　曲げモーメントを受けるはり

$$\dot{\varepsilon}_c = y\dot{\kappa} \tag{10.8}$$

となる．つぎに，式 (10.8) にノートン則の式 (10.6) を代入して，

$$k\sigma^n = y\dot{\kappa} \tag{10.9}$$

となり，これを曲げ応力 σ について求めると，次式を得る．

$$\sigma = \begin{cases} -\left(-\dfrac{y}{k}\,\dot{\kappa}\right)^{\frac{1}{n}} & \left(-\dfrac{h}{2} \leq y \leq 0\right) \\[3mm] \left(\dfrac{y}{k}\,\dot{\kappa}\right)^{\frac{1}{n}} & \left(0 \leq y \leq \dfrac{h}{2}\right) \end{cases} \tag{10.10}$$

ここで，曲げ応力から求められる合モーメントが M に等しくなければならないから，

$$M = 2\int_0^{\frac{h}{2}} \sigma yb\,dy \tag{10.11}$$

となり，これに式 (10.10) の第 2 式を代入して整理すると，

$$\left(\frac{1}{k}\,\dot{\kappa}\right)^{\frac{1}{n}} = \frac{2M}{bh^2}\frac{2n+1}{n}\left(\frac{2}{h}\right)^{\frac{1}{n}} \tag{10.12}$$

を得て，これを式 (10.10) の第 2 式にふたたび代入することで，はり断面に生じる曲げ応力は次式となる．

$$\sigma = \frac{2M}{bh^2}\frac{2n+1}{n}\left(\frac{2y}{h}\right)^{\frac{1}{n}} \quad \left(0 \leq y \leq \frac{h}{2}\right) \tag{10.13}$$

なお，$-h/2 \leq y \leq 0$ の範囲における曲げ応力は圧縮応力であるから，式 (10.13) において符号を反転すればよく，次式となる．

$$\sigma = -\frac{2M}{bh^2}\frac{2n+1}{n}\left(-\frac{2y}{h}\right)^{\frac{1}{n}} \quad \left(-\frac{h}{2} \leq y \leq 0\right) \tag{10.14}$$

ここで，式 (10.13) において $n = 1$ とおけば，材料力学による曲げ応力の解に一致していることがわかる．

つぎにはりに生じるたわみを求めてみる．材料力学により知られたはりのたわみの微分方程式は

$$\frac{d^2 y}{dx^2} = -\kappa \tag{10.15}$$

であり，式 (10.8) と同様に，たわみ y を時間に対するたわみ速度 $\dot{y}$ に，曲率 κ を時間に対する曲率変化 $\dot{\kappa}$ にそれぞれ置き換えると，つぎの関係を得る．

$$\frac{d^2\dot{y}}{dx^2} = -\dot{\kappa} \tag{10.16}$$

そして，式 (10.16) に式 (10.12) を代入すると，はりのたわみ速度の微分方程式は

$$\frac{d^2\dot{y}}{dx^2} = -k\frac{1}{(bh)^n}\left(\frac{2n+1}{n}\right)^n\left(\frac{2}{h}\right)^{n+1}M^n \tag{10.17}$$

となる．はりの固定支持（$x=0$）で $d\dot{y}/dx = 0$，$\dot{y} = 0$ より微分方程式を解くと，

$$\dot{y} = -k\frac{1}{(bh)^n}\left(\frac{2n+1}{n}\right)^n\left(\frac{2}{h}\right)^{n+1}M^n\frac{x^2}{2} \tag{10.18}$$

となる．ここで，はりに集中モーメント M が作用しているものとした．しかし，集中荷重や分布荷重が作用する場合には簡単に積分できないことには注意が必要である．さらに式 (10.18) を時間積分すると，たわみは次式のようになる．

$$y = -k\frac{1}{(bh)^n}\left(\frac{2n+1}{n}\right)^n\left(\frac{2}{h}\right)^{n+1}M^n\frac{x^2 t}{2} \tag{10.19}$$

10.3 ねじりモーメントを受ける丸棒のクリープ変形

図 10.5 に示すようなねじりモーメントを受ける丸棒のクリープ変形について考える．丸棒の任意断面に生じるせん断ひずみ速度を

$$\dot{\gamma}_{3\theta} = \dot{\gamma}_0\frac{r}{b} \tag{10.20}$$

のようにおく．ここで，丸棒表面（$r = b$）に生じるせん断ひずみ速度がもっとも速く，その大きさを $\dot{\gamma}_0$ とおいた．

一方，せん断応力とせん断ひずみ速度の間にも式 (10.6) と同様につぎのようなノートン則が成り立つ．

$$\dot{\gamma}_{3\theta} = k\sigma_{3\theta}^n \tag{10.21}$$

これに式 (10.20) を代入し，せん断応力について求めると，

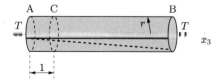

図 10.5 ねじりモーメントを受ける丸棒

$$\sigma_{3\theta} = \left(\frac{\dot{\gamma}_0}{k}\right)^{\frac{1}{n}} \left(\frac{r}{b}\right)^{\frac{1}{n}} \tag{10.22}$$

となる．この応力分布による合トルクがねじりモーメント T に等しいことから，

$$T = \int_0^b \sigma_{3\theta} 2\pi r^2 \, dr = 2\pi b^3 \left(\frac{\dot{\gamma}_0}{k}\right)^{\frac{1}{n}} \frac{n}{1+3n} \tag{10.23}$$

となり，これを式 (10.22) に代入すると，

$$\sigma_{3\theta} = \frac{T}{2\pi b^3} \frac{1+3n}{n} \left(\frac{r}{b}\right)^{\frac{1}{n}} \tag{10.24}$$

となる．ここで，$n=1$ とおくと材料力学で知られている結果に一致していることが確認できる．

10.4 ## 応力緩和

　圧力容器やエンジンなどの高温環境下で密閉された容器では，ボルトにより締結された構造となっている．しかし，高温環境下でこの状態を長時間にわたって放置しておくと，図 10.6 に示すように，ボルトの締め付け力が低下し，緩むことがある．このようなボルトの緩みはクリープ変形によって生じる．その理由を以下に詳しく説明する．

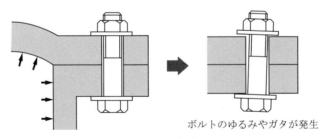

ボルトのゆるみやガタが発生

図 10.6　応力緩和

　ボルトを丸棒とみなし，この丸棒が剛体壁の間に固定された状態について考える．ここで，全ひずみが ε_T となるよう剛体壁の距離を引き離す．これはボルトをナットで締め付けた状態に対応している．このとき，全ひずみの成分はすべて弾性ひずみ成分 ε_e であり，

$$\varepsilon_T = \varepsilon_e$$

である．つぎにボルトが一様に加熱されると，全ひずみ成分の一部に熱ひずみ成分 ε_{th}

が含まれることになるから,

$$\varepsilon_T = \varepsilon_e + \varepsilon_{th} \tag{10.25}$$

となる. この状態を一定に保っておく（全ひずみが一定）と，時間とともにクリープひずみ成分 ε_c が発生するから,

$$\varepsilon_T = \varepsilon_e + \varepsilon_{th} + \varepsilon_c = 一定$$

となる. 全ひずみ成分のうち時間に伴う各ひずみ成分の割合がどのように変化するのかを知るためには，両辺を時間微分すればよい. これにより，次式となる.

$$\dot{\varepsilon}_e + \dot{\varepsilon}_{th} + \dot{\varepsilon}_c = 0 \tag{10.26}$$

ここで，左辺第2項の熱ひずみ成分 $\dot{\varepsilon}_{th}$ は時間により変化しないからゼロとなる.

$$\dot{\varepsilon}_e + \dot{\varepsilon}_c = 0 \tag{10.27}$$

さらに，左辺第1項にフックの法則

$$\dot{\varepsilon}_c = -\frac{\dot{\sigma}}{E} \tag{10.28}$$

を代入することでクリープひずみ速度が求められる. この式にノートン則の式 (10.6) を代入すれば,

$$k\sigma^n = -\frac{\dot{\sigma}}{E} \tag{10.29}$$

となり，つぎの応力に関する微分方程式が得られる.

$$\frac{d\sigma}{dt} = -Ek\sigma^n \tag{10.30}$$

これを解くと，つぎのようになる.

$$\sigma^{1-n} = (n-1)Ekt + C$$

ここで，C は未定係数である.

ナットを締め付けたときにボルトに生じていた初期の締め付け応力を σ_0 とおけば，未定係数 C は σ_0^{1-n} である. よって，ボルトに生じる締め付け応力は

$$\sigma = \frac{1}{\{\sigma_0^{1-n} + (n-1)Ekt\}^{\frac{1}{n-1}}} \tag{10.31}$$

となり，時間とともに低下していくことがわかる. この式において $t \to \infty$ とすれば $\sigma \to 0$ に漸近する. この現象は **応力緩和**（stree relaxation）とよばれる. 図 10.7 に,

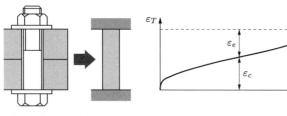

（a）ボルトの締め付けを
　　両端固定された棒の
　　問題に置き換え

（b）時間に伴う全ひずみ成分の
　　変化

（c）時間に伴う応力の変化

図10.7　ボルトに生じる応力緩和

全ひずみ成分における弾性ひずみ成分とクリープひずみ成分の割合が変化する様子と，ボルトに生じた締め付け応力が時間とともに低下する様子を示す．

　応力緩和はボルトの緩みのみならず，ばねによる押し付け力の低下，焼きばめにより固定された機械要素の緩み，溶接に生じていた残留応力の低下とゆがみなどの発生に関係する．また，ここでは金属材料を例にとり，同材料で加工された部品が高温環境下にさらされている問題について考えたが，室温においても応力緩和が問題となる材料がある．たとえば，高分子材料，橋梁におけるプレストレスコンクリートの補強用鋼線などが挙げられる．

10.5　クリープ構成式とその応用問題

▶ 10.5.1　多軸応力状態のノートン則

単軸応力状態のクリープ変形に対する構成式としてつぎのノートン則

$$\dot{\varepsilon}_c = k\sigma^n \tag{10.6}$$

を多軸応力状態にあるときの問題に適用できるよう拡張する．このとき，第6章で学んだ弾塑性構成式における式変形の過程をそのまま利用できる．

　まず，塑性ひずみ増分の大きさを決める比例係数は，式 (6.55) より，

$$\Delta\lambda = \frac{3}{2}\frac{\Delta\bar{\varepsilon}^p}{\bar{\sigma}} \tag{10.32}$$

であり，塑性ひずみ増分は

$$\Delta\varepsilon_{ij}^p = \sigma_{ij}'\Delta\lambda = \frac{3}{2}\sigma_{ij}'\frac{\Delta\bar{\varepsilon}^p}{\bar{\sigma}} \tag{10.33}$$

であることを学んだ．これをそのままノートン則にあてはめればよい．まず，上添字 $p \to c$ と置き換えると，

$$\Delta\varepsilon_{ij}^c = \frac{3}{2}\,\sigma_{ij}'\,\frac{\Delta\bar{\varepsilon}^c}{\bar{\sigma}} \tag{10.34}$$

となる．さらに，両辺を時間増分 Δt で割って，

$$\frac{\Delta\varepsilon_{ij}^c}{\Delta t} = \frac{3}{2\bar{\sigma}}\,\sigma_{ij}'\,\frac{\Delta\bar{\varepsilon}^c}{\Delta t}$$

となり，最後に極限 $\Delta t \to 0$ をとれば次式となる．

$$\dot{\varepsilon}_{ij}^c = \frac{3}{2\bar{\sigma}}\,\sigma_{ij}'\dot{\bar{\varepsilon}}^c \tag{10.35}$$

式 (10.6) の単軸応力状態のノートン則において，クリープひずみ速度を相当クリープひずみ速度 $\dot{\bar{\varepsilon}}^c$ に，応力を相当応力 $\bar{\sigma}$ に置き換えれば，

$$\dot{\bar{\varepsilon}}^c = k\bar{\sigma}^n \tag{10.36}$$

となる．ここで，相当クリープひずみ速度は，式 (6.51) において，

$$\Delta\bar{\varepsilon}^p \to \dot{\bar{\varepsilon}}^c, \qquad \Delta\varepsilon_{11}^p \to \dot{\varepsilon}_{11}^c, \qquad \Delta\varepsilon_{22}^p \to \dot{\varepsilon}_{22}^c, \qquad \Delta\varepsilon_{33}^p \to \dot{\varepsilon}_{33}^c$$

$$\Delta\gamma_{12}^p \to \dot{\gamma}_{12}^c, \qquad \Delta\gamma_{23}^p \to \dot{\gamma}_{23}^c, \qquad \Delta\gamma_{31}^p \to \dot{\gamma}_{31}^c$$

と置き換えればよい．

式 (10.36) を式 (10.35) に代入すると，

$$\dot{\varepsilon}_{ij}^c = \frac{3}{2}\,k\sigma_{ij}'\bar{\sigma}^{n-1} \tag{10.37}$$

を得る．この式が**多軸応力状態のノートン則**となる．

つぎに，このノートン則を利用していくつかの応用問題に取り組んでみよう．

▶ 10.5.2　内圧を受ける厚肉球殻問題

図 10.8 に示すような内圧を受ける厚肉球殻問題について考える．内圧が半径方向に一様に作用しているから，厚肉球殻の中心に球座標系の原点をとれば，原点に関して応力分布は点対称となる．よって，応力成分は σ_{rr}, $\sigma_{\theta\theta} = \sigma_{\varphi\varphi}$ である．せん断応力は発生しない．

この問題に対する応力成分に対する応力の平衡方程式は，

$$\frac{d\sigma_{rr}}{dr} + 2\,\frac{\sigma_{rr} - \sigma_{\theta\theta}}{r} = 0 \tag{8.1}$$

とひずみと変位の関係式 (8.2) において，ひずみ成分をひずみ速度，変位を変位速度に置き換えると，

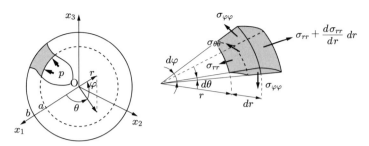

図 10.8　内圧を受ける厚肉球殻

$$\dot{\varepsilon}^c_{rr} = \frac{d\dot{u}}{dr}, \qquad \dot{\varepsilon}^c_{\theta\theta} = \dot{\varepsilon}^c_{\varphi\varphi} = \frac{\dot{u}}{r} \tag{10.38}$$

となる．式 (10.38) において変位速度を消去することで，つぎのひずみ速度の適合条件が得られる．

$$\dot{\varepsilon}^c_{rr} = \dot{\varepsilon}^c_{\theta\theta} + r\,\frac{d\dot{\varepsilon}^c_{\theta\theta}}{dr} \tag{10.39}$$

　一方，体積一定則（非圧縮性の条件）

$$\dot{\varepsilon}^c_{rr} + \dot{\varepsilon}^c_{\theta\theta} + \dot{\varepsilon}^c_{\varphi\varphi} = 0$$

において，球対称により $\dot{\varepsilon}^c_{\theta\theta} = \dot{\varepsilon}^c_{\varphi\varphi}$ でなければならない．よって次式となる．

$$\dot{\varepsilon}^c_{rr} + 2\dot{\varepsilon}^c_{\theta\theta} = 0 \tag{10.40}$$

式 (10.38)，(10.39)，(10.40) より，つぎの変位速度に関する微分方程式が得られる．

$$\frac{d\dot{u}}{dr} + 2\,\frac{\dot{u}}{r} = 0 \tag{10.41}$$

この一般解は

$$\dot{u} = A\,\frac{1}{r^2} \tag{10.42}$$

であるから，これを式 (10.38) に代入すれば，ひずみ速度がつぎのように得られる．

$$\dot{\varepsilon}^c_{rr} = -2A\,\frac{1}{r^3}, \qquad \dot{\varepsilon}^c_{\theta\theta} = A\,\frac{1}{r^3} \tag{10.43}$$

　つぎにノートン則について考える．相当応力は

$$\overline{\sigma} = \sqrt{\frac{1}{2}\left\{(\sigma_{rr} - \sigma_{\theta\theta})^2 + (\sigma_{\theta\theta} - \sigma_{\varphi\varphi})^2 + (\sigma_{\varphi\varphi} - \sigma_{rr})^2\right\}} = \sqrt{(\sigma_{rr} - \sigma_{\theta\theta})^2}$$

である．ここで，弾性応力分布においては $\sigma_{\theta\theta} > \sigma_{rr}$ であったから，相当応力が正であることを考慮すれば，

$$\overline{\sigma} = \sigma_{\theta\theta} - \sigma_{rr} \tag{10.44}$$

であり，静水圧は

$$p = \frac{1}{3}\left(\sigma_{rr} + \sigma_{\theta\theta} + \sigma_{\varphi\varphi}\right) = \frac{1}{3}\left(\sigma_{rr} + 2\sigma_{\theta\theta}\right) \tag{10.45}$$

であるから，偏差応力成分はつぎのようになる.

$$\sigma'_{rr} = \sigma_{rr} - p = -\frac{2}{3}\left(\sigma_{\theta\theta} - \sigma_{rr}\right), \qquad \sigma'_{\theta\theta} = \sigma_{\theta\theta} - p = \frac{1}{3}\left(\sigma_{\theta\theta} - \sigma_{rr}\right) \tag{10.46}$$

以上により，ノートン則の式 (10.37) は，

$$\left.\begin{aligned}
\dot{\varepsilon}^c_{rr} &= \frac{3}{2}\,k\sigma'_{rr}\overline{\sigma}^{\,n-1} = -k(\sigma_{\theta\theta} - \sigma_{rr})^n \\
\dot{\varepsilon}^c_{\theta\theta} &= \frac{3}{2}\,k\sigma'_{\theta\theta}\overline{\sigma}^{\,n-1} = \frac{1}{2}\,k(\sigma_{\theta\theta} - \sigma_{rr})^n
\end{aligned}\right\} \tag{10.47}$$

となり，式 (10.47) に式 (10.43) を代入して整理すると，つぎの関係式が得られる.

$$\sigma_{\theta\theta} - \sigma_{rr} = \left(\frac{2A}{k}\right)^{\frac{1}{n}} r^{-\frac{3}{n}} \tag{10.48}$$

式 (10.48) を応力の平衡方程式 (8.1) に代入して $B = (2A/k)^{1/n}$ とおけば，つぎのようになる.

$$\frac{d\sigma_{rr}}{dr} = 2Br^{-\frac{3}{n}-1}$$

この微分方程式を積分することで σ_{rr} が求められ，その結果を式 (10.48) に代入することで，応力成分がつぎのように得られる.

$$\sigma_{rr} = -\frac{2n}{3}\,Br^{-\frac{3}{n}} + C, \qquad \sigma_{\theta\theta} = \left(1 - \frac{2n}{3}\right)Br^{-\frac{3}{n}} + C \tag{10.49}$$

本問題の境界条件

$$\left.\begin{aligned}
&r = a \text{ にて，} \ \sigma_{rr} = -p \\
&r = b \text{ にて，} \ \sigma_{rr} = 0
\end{aligned}\right\} \tag{10.50}$$

を式 (10.49) に代入し，未定係数 B, C を求めると，以下のように厚肉球殻問題における応力分布が得られる.

$$\sigma_{rr} = -p\,\frac{b^{-\frac{3}{n}} - r^{-\frac{3}{n}}}{b^{-\frac{3}{n}} - a^{-\frac{3}{n}}}, \qquad \sigma_{\theta\theta} = -p\,\frac{b^{-\frac{3}{n}} - (1 - 3/(2n))\,r^{-\frac{3}{n}}}{b^{-\frac{3}{n}} - a^{-\frac{3}{n}}} \tag{10.51}$$

▶10.5.3　内圧を受ける厚肉円筒問題

　図 10.9 に示すような内圧を受ける厚肉円筒問題について考える．内圧が半径方向に一様に作用しているから，厚肉円筒の中心に円柱座標系の原点をとれば，x_3 軸に関して応力分布は軸対称となる．よって，応力成分は σ_{rr}, $\sigma_{\theta\theta}$, σ_{33} である．せん断応力は発生しない．

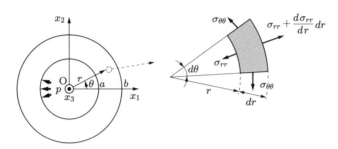

図 10.9　内圧を受ける厚肉円筒

　この問題に対する応力成分に対する応力の平衡方程式

$$\frac{d\sigma_{rr}}{dr} + \frac{\sigma_{rr} - \sigma_{\theta\theta}}{r} = 0 \tag{8.26}$$

とひずみと変位の関係式 (8.27) において，ひずみ成分をひずみ速度，変位を変位速度に置き換えると，

$$\dot{\varepsilon}^c_{rr} = \frac{d\dot{u}}{dr}, \qquad \dot{\varepsilon}^c_{\theta\theta} = \dot{\varepsilon}^c_{\varphi\varphi} = \frac{\dot{u}}{r} \tag{10.52}$$

となる．そして，式 (10.52) において変位速度を消去すると，つぎのひずみ速度の適合条件が得られる．

$$\dot{\varepsilon}^c_{rr} = \dot{\varepsilon}^c_{\theta\theta} + r \frac{d\dot{\varepsilon}^c_{\theta\theta}}{dr} \tag{10.53}$$

　一方，体積一定則（非圧縮性の条件）

$$\dot{\varepsilon}^c_{rr} + \dot{\varepsilon}^c_{\theta\theta} + \dot{\varepsilon}^c_{33} = 0$$

において，本問題では，厚肉円筒の長さが十分に長いとすれば，平面ひずみ状態を仮定でき，$\dot{\varepsilon}^c_{33} = 0$ とおけるので，次式となる．

$$\dot{\varepsilon}^c_{rr} + \dot{\varepsilon}^c_{\theta\theta} = 0 \tag{10.54}$$

式 (10.52), (10.53), (10.54) より，以下の変位速度に関する微分方程式が得られる．

$$\frac{d\dot{u}}{dr} + \frac{\dot{u}}{r} = 0 \tag{10.55}$$

この一般解は

$$\dot{u} = A\frac{1}{r} \tag{10.56}$$

となり，これを式 (10.52) に代入すれば，ひずみ速度がつぎのように得られる．

$$\dot{\varepsilon}^c_{rr} = -A\frac{1}{r^2}, \qquad \dot{\varepsilon}^c_{\theta\theta} = A\frac{1}{r^2} \tag{10.57}$$

つぎにノートン則について考える．相当応力は

$$\overline{\sigma} = \sqrt{\frac{1}{2}\left\{(\sigma_{rr} - \sigma_{\theta\theta})^2 + (\sigma_{\theta\theta} - \sigma_{33})^2 + (\sigma_{33} - \sigma_{rr})^2\right\}} \tag{10.58}$$

であり，静水圧は

$$p = \frac{1}{3}\left(\sigma_{rr} + \sigma_{\theta\theta} + \sigma_{33}\right) \tag{10.59}$$

であるから，偏差応力成分はつぎのようになる．

$$\left.\begin{aligned}
\sigma'_{rr} &= \sigma_{rr} - p = \frac{2}{3}\left(\sigma_{rr} - \frac{\sigma_{\theta\theta} + \sigma_{33}}{2}\right) \\
\sigma'_{\theta\theta} &= \sigma_{\theta\theta} - p = \frac{2}{3}\left(\sigma_{\theta\theta} - \frac{\sigma_{rr} + \sigma_{33}}{2}\right) \\
\sigma'_{33} &= \sigma_{33} - p = \frac{2}{3}\left(\sigma_{33} - \frac{\sigma_{rr} + \sigma_{\theta\theta}}{2}\right)
\end{aligned}\right\} \tag{10.60}$$

以上により，ノートン則の式 (10.37) は

$$\left.\begin{aligned}
\dot{\varepsilon}^c_{rr} &= \frac{3}{2}k\sigma'_{rr}\overline{\sigma}^{n-1} = k\overline{\sigma}^{n-1}\left(\sigma_{rr} - \frac{\sigma_{\theta\theta} + \sigma_{33}}{2}\right) \\
\dot{\varepsilon}^c_{\theta\theta} &= \frac{3}{2}k\sigma'_{\theta\theta}\overline{\sigma}^{n-1} = k\overline{\sigma}^{n-1}\left(\sigma_{\theta\theta} - \frac{\sigma_{rr} + \sigma_{33}}{2}\right) \\
\dot{\varepsilon}^c_{33} &= \frac{3}{2}k\sigma'_{33}\overline{\sigma}^{n-1} = k\overline{\sigma}^{n-1}\left(\sigma_{33} - \frac{\sigma_{rr} + \sigma_{\theta\theta}}{2}\right)
\end{aligned}\right\} \tag{10.61}$$

となり，式 (10.61) の第 3 式において $\dot{\varepsilon}^c_{33} = 0$ とおけば軸方向の応力成分

$$\sigma_{33} = \frac{\sigma_{rr} + \sigma_{\theta\theta}}{2} \tag{10.62}$$

が求められる．式 (10.62) を式 (10.58) に代入すると，相当応力は

$$\overline{\sigma} = \frac{\sqrt{3}}{2}\sqrt{(\sigma_{rr} - \sigma_{\theta\theta})^2} \tag{10.63}$$

となり，弾性応力分布においては $\sigma_{\theta\theta} > \sigma_{rr}$ であったから，相当応力が正であることを考慮して

$$\overline{\sigma} = \frac{\sqrt{3}}{2}\left(\sigma_{\theta\theta} - \sigma_{rr}\right) \tag{10.64}$$

となる．よって，式 (10.64) と式 (10.62) をノートン則の式 (10.61) に代入すれば，

$$\left.\begin{aligned}
\dot{\varepsilon}^c_{rr} &= -k\left(\frac{\sqrt{3}}{2}\right)^{n+1}(\sigma_{\theta\theta} - \sigma_{rr})^n \\
\dot{\varepsilon}^c_{\theta\theta} &= k\left(\frac{\sqrt{3}}{2}\right)^{n+1}(\sigma_{\theta\theta} - \sigma_{rr})^n
\end{aligned}\right\} \tag{10.65}$$

となる．式 (10.65) の第 1 式に式 (10.57) を代入して整理すると，

$$\sigma_{\theta\theta} - \sigma_{rr} = \left(\frac{A}{k}\right)^{\frac{1}{n}}\left(\frac{2}{\sqrt{3}}\right)^{1+\frac{1}{n}} r^{-\frac{2}{n}} \tag{10.66}$$

の関係式を得る．よって，式 (10.66) を応力の平衡方程式 (8.26) に代入して $B = (A/k)^{1/n}(2/\sqrt{3})^{1+1/n}$ とおけば，次式となる．

$$\frac{d\sigma_{rr}}{dr} = B r^{-\frac{2}{n}-1}$$

この微分方程式を積分することで σ_{rr} が求められ，その結果を式 (10.66) に代入することで，応力成分がつぎのように得られる．

$$\sigma_{rr} = -\frac{n}{2} B r^{-\frac{2}{n}} + C, \qquad \sigma_{\theta\theta} = \left(1 - \frac{n}{2}\right) B r^{-\frac{2}{n}} + C \tag{10.67}$$

本問題の境界条件

$$\left.\begin{aligned}
r = a \text{ にて，} \ \sigma_{rr} &= -p \\
r = b \text{ にて，} \ \sigma_{rr} &= 0
\end{aligned}\right\} \tag{10.68}$$

を式 (10.67) に代入し，未定係数 B, C を求めると，以下のような厚肉円筒問題における応力分布が得られる．

$$\sigma_{rr} = -p\,\frac{b^{-\frac{2}{n}} - r^{-\frac{2}{n}}}{b^{-\frac{2}{n}} - a^{-\frac{2}{n}}}, \qquad \sigma_{\theta\theta} = -p\,\frac{b^{-\frac{2}{n}} - (1-2/n)\,r^{-\frac{2}{n}}}{b^{-\frac{2}{n}} - a^{-\frac{2}{n}}} \tag{10.69}$$

▶ 10.5.4　接触問題

図 10.10 に示すような半径 R の剛体球圧子が一定の押し込み荷重 P で半無限体表面に押し込まれている問題を考える[†]．

[†] M. Arai, "High-Temperature Creep Property of High-Cr Ferritic Heat-Resisting Steel Identified by Indentation Test", Journal of Pressure Vessel Technology, Vol.139, 2017, 021403-1–7.

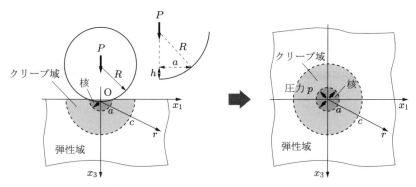

図 10.10　球圧子が押し込まれた半無限体

この問題を解くために，10.5.2 項に示した内圧を受ける厚肉球殻問題の解がそのまま利用できる．式 (10.51) において $b \to \infty$ とおくと，

$$\sigma_{rr} = -p\left(\frac{a}{r}\right)^{\frac{3}{n}}, \qquad \sigma_{\theta\theta} = p\left(\frac{a}{r}\right)^{\frac{3}{n}}\left(\frac{3}{2n} - 1\right) \tag{10.70}$$

を得る．さらに，式 (10.47) の第 2 式に式 (10.70) を代入すると，

$$\dot{\varepsilon}_{\theta\theta}^{c} = \frac{1}{2}\,k\left(\frac{3p}{2n}\right)^{n}\left(\frac{a}{r}\right)^{3} \tag{10.71}$$

となるから，半径方向の変位速度は次式となる．

$$\dot{u} = r\dot{\varepsilon}_{\theta\theta}^{c} = \frac{1}{2}\,k\left(\frac{3p}{2n}\right)^{n}\frac{a^{3}}{r^{2}} \tag{10.72}$$

これにより，核表面での変位速度がつぎのように求められる．

$$\dot{u}|_{r=a} = \frac{1}{2}\,k\left(\frac{3p}{2n}\right)^{n}a \tag{10.73}$$

よって，球圧子が Δh だけ押し込まれることで圧排された体積の変化は，式 (9.37) と同様に，

$$\pi a^{2}\Delta h = 2\pi a^{2}\Delta u|_{r=a}$$

である．この関係式の両辺を微小時間 Δt で割ると，

$$\pi a^{2}\frac{dh}{dt} = 2\pi a^{2}\left.\frac{du}{dt}\right|_{r=u} \tag{10.74}$$

となり，式 (10.74) に式 (10.73) を代入すると，

$$\frac{dh}{dt} = k\left(\frac{3p}{2n}\right)^{n}a \tag{10.75}$$

を得る．ここで，圧子形状が球であるから

$$h = \frac{1}{2}\frac{a^2}{R}$$

の関係となり，両辺を時間微分すると，

$$\frac{dh}{dt} = \frac{a}{R}\dot{a} \tag{10.76}$$

となる．これを式 (10.75) に代入すれば，

$$\frac{\dot{a}}{R} = k\left(\frac{3p}{2n}\right)^n \tag{10.77}$$

あるいは

$$\frac{\dot{a}}{R} = k\left(\frac{3}{2n}\right)^n\left(\frac{P}{\pi a^2}\right)^n \tag{10.78}$$

を得る．これにより，一定の押し込み荷重 P のもと球圧子により時間とともに広がる接触半径 a を測定することでノートン則における係数 k と n を評価できる．

10.6　クリープ損傷理論とその応用

　クリープ曲線から，時間に伴ってひずみの変化率が低下し（第 I 期クリープ），その後，その変化率は一定となる（第 II 期クリープ）．最後にひずみの変化率が急激に増加して棒が破断する（第 III 期クリープ）ことを説明した．この変化のなかで，これまでは主に第 II 期クリープに注目し，この領域に対してさまざまな問題の応力分布とひずみ速度や変位速度について調べてきた．本節では，第 III 期クリープにおいて重要なクリープ寿命を予測するためのクリープ損傷理論の概要について説明する．

　一定負荷中にクリープ変形する部材は，金属組織が次第に変化していく．図 10.11 に金属組織が変化する様子を模式的に示す．金属組織は，さまざまな形状をした異なる結晶方位からなる結晶の集合体である．結晶と結晶の界面は，**結晶粒界**（grain

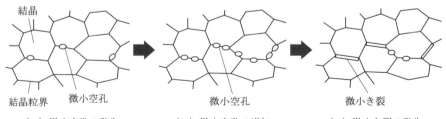

（a）微小空孔の発生　　　（b）微小空孔の増加　　　（c）微小き裂の発生

図 10.11　クリープ損傷による微小空孔の発生と成長

boundary）とよばれ，そこにはさまざまな欠陥，たとえば介在物や原子空孔を含んでいる．よって，一定の引張応力が作用すると，欠陥近傍に原子空孔が集積して微小空孔（キャビティともよばれる）が発生する．さらに，時間とともに微小空孔の数も増加する．その後，それらの微小空孔どうしが連結して微小き裂となる．この微小き裂が時間とともに成長し，大きなき裂へと変化してクリープ寿命に達する[†].

このようなクリープ損傷をつぎのようにノートン則に取り込むことをカチャノフ（Kachanov）とラボトノフ（Rabotnov）は考えた．図 10.12 に引張荷重を受ける丸棒を示す．図に示すように，引張荷重 P が作用する方向に対して垂直な仮想的な面の面積を A_0 とする．この面上で微小空孔が発生，成長することで引張荷重を分担できる面積が減少したと考える．このとき，ある仮想断面上での微小空孔の総面積を A とする．そこでつぎのような**損傷パラメータ**（damage parameter）とよばれる量を定義する．

$$\omega = \frac{A}{A_0} \tag{10.79}$$

はじめは微小空孔が存在しないため，$A = 0$ であるから損傷パラメータも $\omega = 0$ となる．一方，クリープ寿命に達したとき $A = A_0$ になり，損傷パラメータは $\omega = 1$ となる．このように，損傷パラメータの変化によりクリープ損傷の変化を定量的に表すという考え方がクリープ損傷理論の基本である．

ある仮想断面上での垂直応力は

$$\sigma_a = \frac{P}{A_0 - A} \tag{10.80}$$

のように定義される．これを

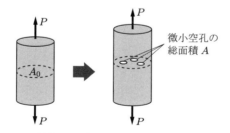

微小空孔の
総面積 A

図 10.12 引張荷重を受けて微小空孔が発生・成長した丸棒

[†] M. Arai, T. Ogtata, A. Nitta, "Continuous Observation of Cavity Growth and Coalescence by Creep-Fatigue Tests in SEM", JSME International Journal, Series A, Vol.39, No.3, 1996, pp.382–388: この文献には，キャビティが発生し，成長，合体する様子がはじめて連続観察された結果が掲載されている．

$$\sigma_a = \frac{P}{A_0\,(1 - A/A_0)} = \frac{\sigma}{1 - \omega} \tag{10.81}$$

のように変形する．ここで，σ は公称応力 P/A_0，σ_a は正味応力である．

この正味応力を用いてノートン則の式 (10.6) をつぎのように置き直す．

$$\dot{\varepsilon}_c = k\sigma_a^n \tag{10.82}$$

この式に式 (10.81) を代入すると，つぎのようになる．

$$\dot{\varepsilon}_c = k\left(\frac{\sigma}{1 - \omega}\right)^n \tag{10.83}$$

ここで，この式における右辺の分子と分母が同じ累乗 n で定常クリープ速度に関与するようになっているが，分子と分母が定常クリープ速度に異なった累乗で関与するとして実験結果に合うようにする．よって，つぎのように修正する．

$$\dot{\varepsilon}_c = k\,\frac{\sigma^n}{(1 - \omega)^p} \tag{10.84}$$

一方，損傷パラメータも式 (10.84) と同様に変化をしていくものとすれば，

$$\dot{\omega} = \beta\,\frac{\sigma^m}{(1 - \omega)^q} \tag{10.85}$$

とおける．式 (10.85) 以外にもさまざまな式が提案されている．式 (10.84) はクリープ変形を表す構成方程式であり，式 (10.85) は **発展方程式**（evolutional equation）とよばれる．初期条件とともにこれらの二つの方程式を連立して解くことで時間に伴う応力，ひずみ，損傷パラメータの変化が求められる．そして，圧力容器などの機械構造物の寿命管理に際しては，この損傷パラメータを寿命診断の目安にすればよい．

式 (10.85) をつぎのように変形する．

$$(1 - \omega)^q\,d\omega = \beta\sigma^m\,dt$$

両辺を積分すると，

$$\int_0^\omega (1 - \omega)^q\,d\omega = \int_0^t \beta\sigma^m\,dt$$

となる．よって，つぎのようになる．

$$(1 - \omega)^{q+1} = 1 - (q + 1)\beta\sigma^m t \tag{10.86}$$

ところで，$\omega = 1$ のときクリープ寿命 $t = t_r$ であるから，これを式 (10.86) に代入すると，

$$(q+1)\beta\sigma^m = \frac{1}{t_r} \tag{10.87}$$

となる．さらに，この式をふたたび式 (10.86) に代入して整理すると，

$$\omega = 1 - \left(1 - \frac{t}{t_r}\right)^{\frac{1}{q+1}} \tag{10.88}$$

を得る．ここで，

$$\phi = \frac{t}{t_r} \tag{10.89}$$

とおいて，これは**損傷率**（damage ratio）とよばれる．式 (10.88) において，ある時間 t での微小空孔の総面積から左辺の ω を実験から求めることで定数 q が定まる．

つぎにクリープ構成式 (10.84) において，

$$\dot{\varepsilon}_{c0} = k\sigma^n \tag{10.90}$$

とおけば，

$$\dot{\varepsilon}_c = \frac{\dot{\varepsilon}_{c0}}{(1-\omega)^p} \tag{10.91}$$

となる．式 (10.91) に式 (10.88) を代入すれば，

$$\frac{d\varepsilon_c}{dt} = \dot{\varepsilon}_{c0}\left(1 - \frac{t}{t_r}\right)^{-\frac{p}{q+1}}$$

となり，この式をクリープ寿命まで積分すると，つぎのようになる．

$$\varepsilon_c = \dot{\varepsilon}_{c0}\int_0^{t_r}\left(1 - \frac{t}{t_r}\right)^{-\frac{p}{q+1}} dt$$

さらに，左辺のクリープひずみ ε_c を破断ひずみ ε_{cf} とおけば，つぎの関係式が得られる．

$$\varepsilon_{cf} = \dot{\varepsilon}_{c0}\frac{q+1}{q+1-p}t_f$$

定数として

$$C = \frac{q+1-p}{q+1}\varepsilon_{cf}$$

とおけば，

$$\dot{\varepsilon}_{c0}t_f = C \tag{10.92}$$

が得られる．この関係式は**モンクマン - グラント則**（Monkman–Grant law）とよばれる．この法則は，定常クリープ速度とクリープ寿命の積は一定であることを示している重要な式である．たとえば，あらかじめ右辺の定数 C を実験により定めておけば，定常クリープ速度からクリープ寿命を予測できる．

演習問題

10.1 内圧を受ける薄肉円筒問題（7.4 節）において，一定内圧 p を受けることで生じる半径方向の変位速度を求めよ．

10.2 内圧を受ける薄肉球殻問題（7.5 節）において，一定内圧 p を受けることで生じる半径方向の変位速度を求めよ．

10.3 内圧 p を受ける厚肉円筒問題において，モンクマン - グラント則に従ってクリープ寿命を求めよ．なお，定常クリープ速度には周方向ひずみ成分を用いるものとする．

10.4 内圧 p を受ける厚肉球殻問題において，モンクマン - グラント則に従ってクリープ寿命を求めよ．なお，定常クリープ速度には周方向ひずみ成分を用いるものとする．

第11章 有限要素法の基礎

材料力学においては，微分方程式を解く方法とは異なる方法として，棒（はり）に蓄えられるひずみエネルギーを計算し，これを集中荷重や集中モーメントで微分することで変位（たわみ）や回転角（たわみ角）を求める方法について学んだ．これをエネルギー原理による解法とよんだ．弾塑性力学においてもこれと同様な解法があり，それが有限要素法である．有限要素法に従えば，これまでに扱ってきた単純な形状のみならず，より複雑な形状の問題についても解くことができる．本章では，はじめにばねの問題を例に，弾塑性力学におけるエネルギー原理による解法の基本的な考え方を説明する．つぎに，エネルギー原理により引張荷重を受ける棒の問題を解く．最後に，この結果を踏まえて任意形状の物体の問題，すなわち有限要素法による問題の解法について説明する．

11.1 エネルギー原理

図 11.1 に示すばねの伸びの問題について考える．ばね定数 k のばねが天井から吊り下げられ，その自由端におもり f が吊り下げられている．このとき，ばねに生じる伸び u は

$$u = \frac{f}{k} \tag{11.1}$$

であることは周知のとおりである．これをもう少し違った方向からみてみることにしよう．ここで得られる結果は，有限要素解析の基礎を理解するうえでたいへん重要で

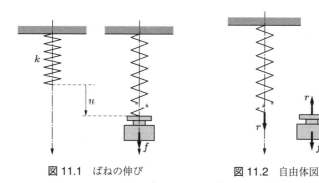

図 11.1 ばねの伸び　　　　**図 11.2** 自由体図

ある.

本問題を図 11.2 に示すようにばねとおもりの自由体図に書き直す. 図に示すように
ばねの自由端には内力 r が作用する. 一方, おもりにはニュートンの第三法則 (作用
反作用の法則) により大きさが等しく反対向きの内力 r が作用するとともに, おもり
の重心には鉛直下向きに重さ f も作用している. おもりについて力のつり合いの式を
考えると,

$$r - f = 0 \tag{11.2}$$

となる. さらに, このおもりに対して仮想変位 δu を作用させたときの仕事は

$$(r - f)\,\delta u = 0 \tag{11.3}$$

であり, これは**仮想仕事** (virtual work) とよばれる. ばねに対するフックの法則は

$$r = ku \tag{11.4}$$

であるから, これを式 (11.3) に代入すると,

$$(ku - f)\,\delta u = 0 \tag{11.5}$$

となる. この式を展開すれば,

$$ku\,\delta u - f\,\delta u = 0 \tag{11.6}$$

となる. ここで, $k(u + \delta u)^2$ について考えてみる. この式を展開すると,

$$k(u + \delta u)^2 = k\{u^2 + 2u\,\delta u + (\delta u)^2\}$$

となり, 仮想変位 δu が小さな量であるものとすれば, 右辺の第 3 項 $(\delta u)^2$ は他の項
に比べて小さいことから無視できる. よって,

$$k(u + \delta u)^2 \approx k(u^2 + 2u\,\delta u)$$

である. これにより式 (11.6) の左辺 $ku\,\delta u$ は

$$ku\,\delta u = \frac{1}{2}\,k(u + \delta u)^2 - \frac{1}{2}\,ku^2 \tag{11.7}$$

のようにも変形できることがわかる.

一方, 式 (11.6) の左辺第 2 項 $f\,\delta u$ は

$$f\,\delta u = f(u + \delta u) - fu \tag{11.8}$$

のように変形できて, 結局, 式 (11.7) と式 (11.8) を式 (11.6) に代入すると,

$$\frac{1}{2}\,k(u + \delta u)^2 - \frac{1}{2}\,ku^2 - \{f(u + \delta u) - fu\} = 0$$

となることがわかる．この式をつぎのように入れ換えてみる．

$$\left\{\frac{1}{2}k(u+\delta u)^2 - f(u+\delta u)\right\} - \left(\frac{1}{2}ku^2 - fu\right) = 0 \tag{11.9}$$

ところで，ばねに蓄えられたエネルギー（内部エネルギー）は

$$U(u) = \frac{1}{2}ku^2 \tag{11.10}$$

であり，おもりによってなされた仕事は

$$W(u) = fu \tag{11.11}$$

である．ここで，f は一定値であるため，おもりによってなされた仕事 W の変数は伸び u であることには注意する．

式 (11.10) と式 (11.11) により，式 (11.9) は

$$\{U(u+\delta u) - W(u+\delta u)\} - \{U(u) - W(u)\} = 0 \tag{11.12}$$

のようになる．そこで，つぎのような関数を定義する．

$$\Pi(u) = U(u) - W(u) \tag{11.13}$$

この関数 Π は**全ポテンシャルエネルギー**（total potential energy）とよばれる．すると，式 (11.12) は全ポテンシャルエネルギー $\Pi(u)$ を用いると，つぎのようになる．

$$\Pi(u+\delta u) - \Pi(u) = 0 \tag{11.14}$$

これを

$$\frac{\Pi(u+\delta u) - \Pi(u)}{\delta u}\,\delta u = 0$$

のように書き，微分と同様にして極限 $\delta u \to 0$ をとると，左辺は全微分に同一していることがわかる．すなわち

$$\delta\Pi = 0 \tag{11.15}$$

である．ここで，全微分の記号 d を使わずに δ を使ったことには注意する．微分は座標系 $(x_1\ x_2\ x_3)$ におけるある関数の微小変化として定義されていたが，ここでは関数（伸び）における，ある関数の微小変化を考えているから，通常の微分と区別するために記号 δ を使った．前者は微分法として知られるが，後者は**変分法**（variational method）とよばれる．

つぎに，式 (11.15) の物理的な意味について考えてみることにしよう．

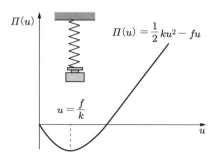

図 11.3　ばねの伸びに対する全ポテンシャルエネルギーの変化

図 11.3 にばねの伸びに対する全ポテンシャルエネルギーの変化を示す．図からわかるように，全ポテンシャルエネルギーは下に凸の二次関数であり，$u = f/k$ で極小値をとる．このことから，全ポテンシャルエネルギーの極小値が力学的平衡状態に対応していることがわかる．ところで，全ポテンシャルエネルギーの極小値は

$$\frac{d\Pi}{du} = 0 \tag{11.16}$$

であり，これは式 (11.15) に等しい．以上により，**全ポテンシャルエネルギーの極小値が力学的平衡状態に一致する**．これは**最小ポテンシャルエネルギーの原理**（principle of minimum potential energy）とよばれ，この原理が有限要素法の基礎となる．

さらに有限要素法を一般化するために，ばねの問題（図 11.4 (a)）を材料力学の棒の伸び問題（図 11.4 (b)）に拡張してみる．そのために内部エネルギーと外力によってなされた仕事をそれぞれ求める．断面積が A，長さが l の棒に垂直応力 σ と垂直ひずみ ε が生じているものとすれば，この棒に蓄えられる内部エネルギーは，

$$U = \frac{1}{2} Pu = \frac{1}{2}(\sigma A)(\varepsilon l) = \frac{1}{2}\sigma\varepsilon\,(Al) \tag{11.17}$$

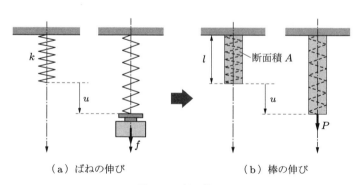

図 11.4　棒の伸び

のようになる．これはまたつぎのようにも置き換えられる．

$$U = \frac{1}{2} \int_0^l \sigma \varepsilon A\, dx \qquad (11.18)$$

式 (11.18) に，フックの法則

$$\sigma = E\varepsilon \qquad (11.19)$$

とひずみと変位 u の関係式

$$\varepsilon = \frac{du}{dx} \qquad (11.20)$$

を代入すると，内部エネルギーは

$$U = \frac{1}{2} \int_0^l E\varepsilon^2 A\, dx = \frac{1}{2} \int_0^l E \left(\frac{du}{dx} \right)^2 A\, dx \qquad (11.21)$$

となり，変位 u の関数として表される．

棒の自由端での伸びを u_l とすれば，外力によってなされた仕事は次式となる．

$$W = P u_l \qquad (11.22)$$

以上により本問題の全ポテンシャルエネルギー $\varPi$ は，内部エネルギーと外力によってなされた仕事の差より次式となる．

$$\varPi = \frac{1}{2} \int_0^l E \left(\frac{du}{dx} \right)^2 A\, dx - P u_l \qquad (11.23)$$

本問題の解は，最小ポテンシャルエネルギーの原理

$$\delta \varPi = 0$$

から求められる．ここではこの原理を満足する解を見つけるために，**リッツの近似解法**（Ritz's approximate method）とよばれる近似解法を利用する．この解法の手順をわかりやすくするためにステップに従って説明する．

ステップ 1） 近似解をつぎの多項式で近似する．

$$u = a_0 + a_1 x + a_2 x^2 \qquad (11.24)$$

そして，この多項式が境界条件を満足するようにする．本問題の境界条件は

$$x = 0 \text{ にて，} u = 0$$
$$x = l \text{ にて，} u = u_l$$

であるから，これを式 (11.24) に代入すれば $a_0 = 0$, $a_1 = u_l/l - a_2 l$ を得る．これを式 (11.24) に代入することでつぎの近似解が求められる．

$$u = \frac{u_l}{l}x + a_2 x(x - l) \tag{11.25}$$

ステップ2) 全ポテンシャルエネルギーの式 (11.23) に，先ほど求めた近似解の式 (11.25) を代入すると以下となる．

$$\Pi = \frac{1}{2}EA\left(\frac{u_l^2}{l} + \frac{1}{3}a_2^2 l^3\right) - Pu_l \tag{11.26}$$

ステップ3) 全ポテンシャルエネルギーの極小値を求める．全ポテンシャルエネルギーの変数は変位 u であったが，式 (11.26) より未定係数 a_2 になる．よって，a_2 で全ポテンシャルエネルギーを微分して

$$\delta\Pi = \frac{\partial\Pi}{\partial a_2}\delta a_2 = 0$$

であるから

$$\frac{\partial\Pi}{\partial a_2} = \frac{1}{2}EA\frac{2}{3}a_2 l^3 = 0$$

より，

$$a_2 = 0 \tag{11.27}$$

となる．これを式 (11.25) に代入すると，棒に生じる変位は

$$u = \frac{u_l}{l}x \tag{11.28}$$

となり，棒に生じるひずみと応力は

$$\varepsilon = \frac{du}{dx} = \frac{u_l}{l} \tag{11.29}$$

$$\sigma = E\varepsilon = E\frac{u_l}{l} \tag{11.30}$$

となる．なお，ここに得られた結果は材料力学で知られる解に完全に一致していることは容易に理解できるであろう．

11.2　引張荷重を受ける棒問題

　図 11.5 に示す引張荷重を受ける棒の問題について考えてみよう．図に示すように，棒に沿って x 軸をとる．このとき，棒の左端が $x = x_1$，右端が $x = x_2$ にあり，棒の

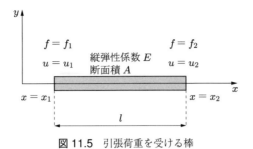

図 11.5 引張荷重を受ける棒

長さは $x_2 - x_1 = l$ とする．また，棒の左端での変位を $u = u_1$，荷重を $f = f_1$ とし，右端でのそれらを $u = u_2$, $f = f_2$ とする．この問題に対する全ポテンシャルエネルギーを求めるため，はじめに内部エネルギー，すなわち棒に蓄えられるひずみエネルギーを計算する．式 (11.21) を利用するとともに，積分区間を x_1 と x_2 に置き換えれば，

$$U = \int_{x_1}^{x_2} \frac{1}{2} E \left(\frac{du}{dx} \right)^2 A \, dx \tag{11.31}$$

となる．また，荷重によってなされた仕事は

$$W = f_1 u_1 + f_2 u_2 \tag{11.32}$$

であるから，全ポテンシャルエネルギー Π は

$$\Pi = U - W = \int_{x_1}^{x_2} \frac{1}{2} E \left(\frac{du}{dx} \right)^2 A \, dx - f_1 u_1 - f_2 u_2 \tag{11.33}$$

のようになる．以下，リッツの近似解法に従ってこの問題を解いてみる．
ステップ 1） 変位の近似関数をつぎのように仮定する．

$$u = a_0 + a_1 x \tag{11.34}$$

本問題の境界条件は

$$x = x_1 \text{ にて，} u = u_1$$
$$x = x_2 \text{ にて，} u = u_2$$

であるから，これらを式 (11.34) に代入して未定係数を求めると，変位の近似関数は

$$u = \frac{u_1 x_2 - u_2 x_1}{x_2 - x_1} + \frac{u_2 - u_1}{x_2 - x_1} x \tag{11.35}$$

となる．有限要素法では，この関数は**変位関数**（displacement function）とよばれる．

ステップ2) 全ポテンシャルエネルギーの式 (11.33) に式 (11.35) を代入すると,

$$\Pi = \frac{1}{2} EA \left(\frac{u_2 - u_1}{x_2 - x_1} \right)^2 (x_2 - x_1) - f_1 u_1 - f_2 u_2$$

となる. よって, 次式となる.

$$\Pi = \frac{1}{2} EA \frac{(u_2 - u_1)^2}{(x_2 - x_1)} - f_1 u_1 - f_2 u_2 \tag{11.36}$$

ステップ3) 最小ポテンシャルエネルギーの原理

$$\delta \Pi = 0 \tag{11.37}$$

を適用する. 全ポテンシャルエネルギーの変数は, 式 (11.36) から u_1 と u_2 であることがわかる. よって, 微分の連鎖公式より,

$$\delta \Pi = \frac{\partial \Pi}{\partial u_1} \delta u_1 + \frac{\partial \Pi}{\partial u_2} \delta u_2 = 0 \tag{11.38}$$

となる. δu_1 と δu_2 は任意の微小量であることに注意すれば,

$$\frac{\partial \Pi}{\partial u_1} = 0, \qquad \frac{\partial \Pi}{\partial u_2} = 0 \tag{11.39}$$

でなければならない. よって, 式 (11.39) に式 (11.36) を代入すれば, つぎの連立方程式が得られる.

$$\frac{\partial \Pi}{\partial u_1} = EA \frac{u_1 - u_2}{x_2 - x_1} - f_1 = 0, \qquad \frac{\partial \Pi}{\partial u_2} = EA \frac{u_2 - u_1}{x_2 - x_1} - f_2 = 0 \tag{11.40}$$

さらに, $x_2 - x_1 = l$ とおいて, つぎのようにも書ける.

$$\frac{EA}{l} u_1 - \frac{EA}{l} u_2 = f_1, \qquad -\frac{EA}{l} u_1 + \frac{EA}{l} u_2 = f_2 \tag{11.41}$$

つぎに, 連立方程式 (11.41) を以下のように行列方程式としてまとめる.

$$\frac{EA}{l} \begin{bmatrix} 1 & -1 \\ -1 & 1 \end{bmatrix} \begin{Bmatrix} u_1 \\ u_2 \end{Bmatrix} = \begin{Bmatrix} f_1 \\ f_2 \end{Bmatrix} \tag{11.42}$$

あるいは

$$\boldsymbol{K} = \frac{EA}{l} \begin{bmatrix} 1 & -1 \\ -1 & 1 \end{bmatrix}, \qquad \boldsymbol{u} = \begin{Bmatrix} u_1 \\ u_2 \end{Bmatrix}, \qquad \boldsymbol{f} = \begin{Bmatrix} f_1 \\ f_2 \end{Bmatrix} \tag{11.43}$$

とおいて

$$Ku = f \tag{11.44}$$

のようにしてまとめて書く．式 (11.44) は**剛性方程式**（stiffness equation），K は**剛性マトリックス**（stiffness matrix）とよばれる．

この剛性方程式は，ばねの問題におけるフックの法則（式 (11.1)）

$$ku = f \tag{11.45}$$

と式の形が等しいことに注意してほしい．

11.3 引張荷重を受ける段付き丸棒問題

引張荷重を受ける棒の問題に対する剛性方程式 (11.42) を使って，図 11.6 に示す引張荷重を受ける段付き丸棒の問題を解いてみる．

この問題を解くために，はじめに段付き丸棒を線でモデル化する．有限要素法では，図 11.7 に示すように，線は**要素**（element），要素と要素の結合点は**節点**（node）とよばれる．つぎにモデル化された段付き丸棒を図 11.8 のように分離する．ここで，左側の要素を 1，右側のそれを 2 とし，節点を左側から 1，2，3 とおく．そして，この記号を用いてそれぞれの節点に対する変位と内力をつぎのように表す．

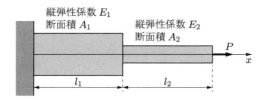

図 11.6 引張荷重を受ける段付き丸棒

要素 1　　　要素 2
節点 1　　　節点 2　　　節点 3
図 11.7 段付き丸棒のモデル化

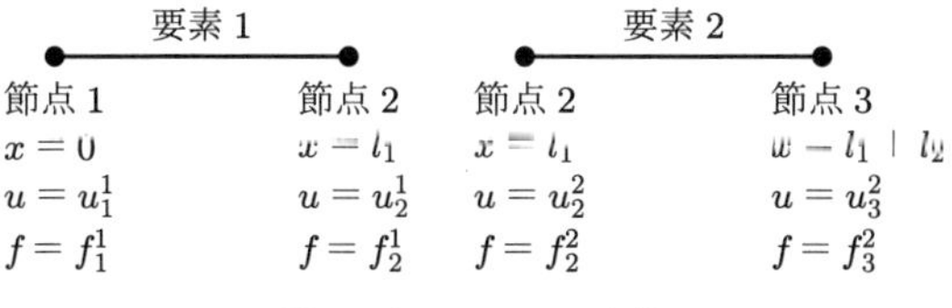

図 11.8 モデルの分離

u_i^j：要素 j の節点 i での変位（**節点変位**（node displacement）という）

f_i^j：要素 j の節点 i での内力（**節点力**（node force）という）

各要素に対する剛性方程式は，式 (11.42) より次式となる．

$$
\left.
\begin{aligned}
\frac{EA_1}{l_1}
\begin{bmatrix} 1 & -1 \\ -1 & 1 \end{bmatrix}
\begin{Bmatrix} u_1^1 \\ u_2^1 \end{Bmatrix}
=
\begin{Bmatrix} f_1^1 \\ f_2^1 \end{Bmatrix} \\[2mm]
\frac{EA_2}{l_2}
\begin{bmatrix} 1 & -1 \\ -1 & 1 \end{bmatrix}
\begin{Bmatrix} u_2^2 \\ u_3^2 \end{Bmatrix}
=
\begin{Bmatrix} f_2^2 \\ f_3^2 \end{Bmatrix}
\end{aligned}
\right\}
\tag{11.46}
$$

分離された二つの要素 1 と要素 2 を節点 2 でふたたび結合する．結合条件は

$$
u_2^1 = u_2^2, \qquad f_2^1 + f_1^2 = 0
\tag{11.47}
$$

となる．ここで，要素 1 の節点変位 u_2^1 と要素 2 の節点変位 u_2^2 を u_2 とおく．この結合条件により，各要素に対する剛性方程式はつぎのように一つの剛性方程式にまとめられる．

$$
\begin{bmatrix}
\dfrac{EA_1}{l_1} & -\dfrac{EA_1}{l_1} & 0 \\[3mm]
-\dfrac{EA_1}{l_1} & \dfrac{EA_1}{l_1}+\dfrac{EA_2}{l_2} & -\dfrac{EA_2}{l_2} \\[3mm]
0 & -\dfrac{EA_2}{l_2} & \dfrac{EA_2}{l_2}
\end{bmatrix}
\begin{Bmatrix} u_1^1 \\ u_2 \\ u_3^2 \end{Bmatrix}
=
\begin{Bmatrix} f_1^1 \\ 0 \\ f_3^2 \end{Bmatrix}
$$

ここで，**剛性マトリックスは対称行列**であることに注意する．

つぎに，この剛性方程式により本問題の解を求めていこう．本問題の境界条件は

$$
u_1^1 = 0, \qquad f_3^2 = P
\tag{11.48}
$$

であるから，これを代入して，

$$
\begin{bmatrix}
\dfrac{EA_1}{l_1} & -\dfrac{EA_1}{l_1} & 0 \\[3mm]
-\dfrac{EA_1}{l_1} & \dfrac{EA_1}{l_1}+\dfrac{EA_2}{l_2} & -\dfrac{EA_2}{l_2} \\[3mm]
0 & -\dfrac{EA_2}{l_2} & \dfrac{EA_2}{l_2}
\end{bmatrix}
\begin{Bmatrix} 0 \\ u_2 \\ u_3^2 \end{Bmatrix}
=
\begin{Bmatrix} f_1^1 \\ 0 \\ P \end{Bmatrix}
\tag{11.49}
$$

となる．左辺のベクトルがすべて未知量になるように行列の成分を置き換えると，

$$\begin{bmatrix} -1 & -\dfrac{EA_1}{l_1} & 0 \\[3mm] 0 & \dfrac{EA_1}{l_1}+\dfrac{EA_2}{l_2} & -\dfrac{EA_2}{l_2} \\[3mm] 0 & -\dfrac{EA_2}{l_2} & \dfrac{EA_2}{l_2} \end{bmatrix} \begin{Bmatrix} f_1^1 \\[2mm] u_2 \\[2mm] u_3^2 \end{Bmatrix} = \begin{Bmatrix} 0 \\ 0 \\ P \end{Bmatrix} \tag{11.50}$$

となる．最後に逆行列を求めて解を得ると，その結果は

$$\begin{Bmatrix} f_1^1 \\[2mm] u_2 \\[2mm] u_3^2 \end{Bmatrix} = \begin{Bmatrix} -P \\[2mm] \dfrac{l_1}{EA_1}P \\[3mm] \left(\dfrac{l_1}{EA_1}+\dfrac{l_2}{EA_2}\right)P \end{Bmatrix} \tag{11.51}$$

となり，材料力学で知られている結果に一致していることが確認できる．

11.4　弾性問題のための有限要素法

▶ 11.4.1　有限要素法の概要

引張荷重を受ける棒の問題で示してきた方法は，一般の弾性問題にそのまま拡張できる．ここでは，弾性問題として 2 次元平面問題について考え，有限要素法の理解を深めていくことにする．

2 次元平面問題に対して直角座標系 (x_1, x_2) をとる．平面応力状態を仮定したときの弾性力学における基礎式は以下のようであった．

2 次元平面上でのある点での変位ベクトルを

$$\boldsymbol{u} = \begin{Bmatrix} u_1 \\ u_2 \end{Bmatrix} \tag{11.52}$$

とすると，この変位ベクトルによりひずみ成分は

$$\varepsilon_{11} = \frac{\partial u_1}{\partial x_1}, \qquad \varepsilon_{22} = \frac{\partial u_2}{\partial x_2}, \qquad \gamma_{12} = \frac{\partial u_1}{\partial x_2} + \frac{\partial u_2}{\partial x_1} \tag{11.53}$$

で表される．また，一般化されたフックの法則は

$$\left. \begin{aligned} \sigma_{11} &= \frac{E}{1 - \nu^2} \left(\varepsilon_{11} + \nu \varepsilon_{22} \right) \\ \sigma_{22} &= \frac{E}{1 - \nu^2} \left(\varepsilon_{22} + \nu \varepsilon_{11} \right) \\ \sigma_{12} &= \frac{E}{2(1 + \nu)} \, \gamma_{12} \end{aligned} \right\} \tag{11.54}$$

で表される.

つぎに, 2 次元平面問題に対する全ポテンシャルエネルギーを求める. このため, ひずみエネルギーと外力によってなされた仕事をそれぞれ計算する. ところで, 式 (11.18) をみると単位体積あたりのひずみエネルギーが垂直応力と垂直ひずみを掛けたものを 1/2 倍していた. このことから, 2 次元平面問題ではそれぞれの応力成分とひずみ成分を相互に掛けたものを 1/2 倍して, すべての成分について和をとることで求めればよいことがわかる. 2 次元平面の物体領域を A, 板厚さを b とすれば, ひずみエネルギーは

$$U = \frac{1}{2} \int_A (\sigma_{11} \varepsilon_{11} + \sigma_{22} \varepsilon_{22} + \sigma_{12} \gamma_{12}) b \, dA \tag{11.55}$$

で表される.

有限要素法では, 応力成分とひずみ成分を

$$\boldsymbol{\sigma} = \left\{ \begin{array}{c} \sigma_{11} \\ \sigma_{22} \\ \sigma_{12} \end{array} \right\}, \qquad \boldsymbol{\varepsilon} = \left\{ \begin{array}{c} \varepsilon_{11} \\ \varepsilon_{22} \\ \gamma_{12} \end{array} \right\} \tag{11.56}$$

のようにベクトルでまとめるので, 式 (11.55) のひずみエネルギーはこれらのベクトルを用いてつぎのように簡潔に表すことができる.

$$U = \frac{1}{2} \int_A \boldsymbol{\sigma}^\mathsf{T} \boldsymbol{\varepsilon} b \, dA \tag{11.57}$$

ここで, T は転置をとることを示す. さらに, 一般化されたフックの法則 (式 (11.54)) は, 以下のように表すことができる.

$$\boldsymbol{\sigma} = \boldsymbol{D}^e \boldsymbol{\varepsilon} \tag{11.58}$$

ここで,

$$\boldsymbol{D}^e = \frac{E}{1 - \nu^2} \begin{bmatrix} 1 & \nu & 0 \\ \nu & 1 & 0 \\ 0 & 0 & (1 - \nu)/2 \end{bmatrix} \tag{11.59}$$

であり，これは**弾性応力‐ひずみマトリックス**（elastic stress-strain matrix）とよばれる．

式 (11.58) を式 (11.57) に代入すると，

$$U = \frac{1}{2} \int_A \boldsymbol{\varepsilon}^\mathsf{T} \boldsymbol{D}^e \boldsymbol{\varepsilon} b \, dA \tag{11.60}$$

となる．ここで，$\boldsymbol{D}^e = (\boldsymbol{D}^e)^\mathsf{T}$ の関係式を利用した．さらに変位ベクトル $\boldsymbol{u}$ とひずみベクトル $\boldsymbol{\varepsilon}$ の関係についても

$$\boldsymbol{\varepsilon} = \begin{Bmatrix} \varepsilon_{11} \\ \varepsilon_{22} \\ \gamma_{12} \end{Bmatrix} = \begin{bmatrix} \dfrac{\partial}{\partial x_1} & 0 \\[2mm] 0 & \dfrac{\partial}{\partial x_2} \\[2mm] \dfrac{\partial}{\partial x_2} & \dfrac{\partial}{\partial x_1} \end{bmatrix} \begin{Bmatrix} u_1 \\ u_2 \end{Bmatrix} = \boldsymbol{A}\boldsymbol{u} \tag{11.61}$$

のようにマトリックスでまとめておく．ここで，$\boldsymbol{A}$ は**微分演算子マトリックス**（differential operator matrix）とよばれる．

これ以降は，これまでに説明してきたステップに従って式を変形していく．

ステップ 1） 2 次元平面物体の境界面における変位成分をベクトル $\boldsymbol{d}$ のように表し，変位ベクトル $\boldsymbol{u}$ に関する近似関数をつぎのようにおく．

$$\boldsymbol{u} = \boldsymbol{N}\boldsymbol{d} \tag{11.62}$$

ここで，2 次元物体境界上の節点変位ベクトル $\boldsymbol{d}$ と行列 $\boldsymbol{N}$ については次節で具体的に示していく．また，行列 $\boldsymbol{N}$ は**形状関数マトリックス**（shape function matrix）とよばれる．式 (11.62) を式 (11.61) に代入すれば，

$$\boldsymbol{\varepsilon} = \boldsymbol{A}\boldsymbol{N}\boldsymbol{d} = \boldsymbol{B}\boldsymbol{d} \tag{11.63}$$

となる．ここで $\boldsymbol{B}$ は**ひずみ‐変位マトリックス**（strain-displacement matrix）とよばれ，次式である．

$$\boldsymbol{B} = \boldsymbol{A}\boldsymbol{N} \tag{11.64}$$

ステップ 2） 式 (11.63) を式 (11.60) に代入すると，ひずみエネルギーは変位ベクトル $\boldsymbol{d}$ によりつぎのように表すことができる．

$$U = \frac{1}{2} \int_A \boldsymbol{d}^\mathsf{T} \boldsymbol{B}^\mathsf{T} \boldsymbol{D}^e \boldsymbol{B} \boldsymbol{d} b \, dA \tag{11.65}$$

つぎに外力によってなされた仕事 W は

$$W = \int_S \boldsymbol{F}^{\mathsf{T}} \boldsymbol{u} b \, dS \tag{11.66}$$

である．ここで，S は 2 次元平面物体の境界面であり，この境界面には表面力ベクトル

$$\boldsymbol{F} = \left\{ \begin{array}{c} F_1 \\ F_2 \end{array} \right\} \tag{11.67}$$

が作用しているものとした．式 (11.66) は，またつぎのように表すこともできる．

$$W = \int_S \boldsymbol{u}^{\mathsf{T}} \boldsymbol{F} b \, dS \tag{11.68}$$

これに式 (11.62) を代入すると，つぎのようになる．

$$W = \int_S \boldsymbol{d}^{\mathsf{T}} \boldsymbol{N}^{\mathsf{T}} \boldsymbol{F} b \, dS \tag{11.69}$$

　以上により全ポテンシャルエネルギーは，式 (11.65) から式 (11.69) を差し引いてつぎのようになる．

$$\Pi = U - W = \frac{1}{2} \int_A \boldsymbol{d}^{\mathsf{T}} \boldsymbol{B}^{\mathsf{T}} \boldsymbol{D}^e \boldsymbol{B} b \, dA - \int_S \boldsymbol{d}^{\mathsf{T}} \boldsymbol{N}^{\mathsf{T}} \boldsymbol{F} b \, dS \tag{11.70}$$

(ステップ 3) 最小ポテンシャルエネルギーの原理により，式 (11.70) の変分をとると，

$$\delta \Pi = \frac{1}{2} \int_A (\delta \boldsymbol{d})^{\mathsf{T}} \boldsymbol{B}^{\mathsf{T}} \boldsymbol{D}^e \boldsymbol{B} b \, dA + \frac{1}{2} \int_A \boldsymbol{d}^{\mathsf{T}} \boldsymbol{B}^{\mathsf{T}} \boldsymbol{D}^e \boldsymbol{B} (\delta \boldsymbol{d}) b \, dA$$
$$- \int_S (\delta \boldsymbol{d})^{\mathsf{T}} \boldsymbol{N}^{\mathsf{T}} \boldsymbol{F} b \, dS = 0 \tag{11.71}$$

のようになる．詳しい説明は省略するが，

$$\int_A \boldsymbol{d}^{\mathsf{T}} \boldsymbol{B}^{\mathsf{T}} \boldsymbol{D}^e \boldsymbol{B} (\delta \boldsymbol{d}) b \, dA = \int_A (\delta \boldsymbol{d})^{\mathsf{T}} \boldsymbol{B}^{\mathsf{T}} \boldsymbol{D}^e \boldsymbol{B} \boldsymbol{d} b \, dA$$

であることから，式 (11.71) は

$$\int_A (\delta \boldsymbol{d})^{\mathsf{T}} \boldsymbol{B}^{\mathsf{T}} \boldsymbol{D}^e \boldsymbol{B} b \, dA - \int_S (\delta \boldsymbol{d})^{\mathsf{T}} \boldsymbol{N}^{\mathsf{T}} \boldsymbol{F} b \, dS = 0 \tag{11.72}$$

のようにまとめられ，$(\delta \boldsymbol{d})^{\mathsf{T}}$ は節点変位ベクトルであるから積分には関係なく，これを積分の外に出し，これを共通因子としてまとめると，

$$(\delta \boldsymbol{d})^{\mathsf{T}} \left(\int_A \boldsymbol{B}^{\mathsf{T}} \boldsymbol{D}^e \boldsymbol{B} b \, dA - \int_S \boldsymbol{N}^{\mathsf{T}} \boldsymbol{F} b \, dS \right) = 0 \tag{11.73}$$

となる．$(\delta \boldsymbol{d})^{\mathsf{T}}$ は任意の仮想変位であるから，式 (11.73) の等式を満足するためには

$$\int_A \boldsymbol{B}^\mathsf{T} \boldsymbol{D}^e \boldsymbol{B} db\, dA = \int_S \boldsymbol{N}^\mathsf{T} \boldsymbol{F} b\, dS \tag{11.74}$$

でなければならない．さらに，左辺の節点変位ベクトル $\boldsymbol{d}$ も積分の外に出せて

$$\int_A \boldsymbol{B}^\mathsf{T} \boldsymbol{D}^e \boldsymbol{B} b\, dA d = \int_S \boldsymbol{N}^\mathsf{T} \boldsymbol{F} b\, dS \tag{11.75}$$

となる．よって，この式はつぎのようにマトリックス方程式でまとめられる．

$$\boldsymbol{K} \boldsymbol{d} = \boldsymbol{f} \tag{11.76}$$

この式が有限要素法における剛性方程式である．ここで，剛性マトリックスは

$$\boldsymbol{K} = \int_A \boldsymbol{B}^\mathsf{T} \boldsymbol{D}^e \boldsymbol{B} b\, dA \tag{11.77}$$

であり，その成分に材料定数や形状に関する情報がすべて含まれることに注意する．また，式 (11.75) の右辺はつぎのようにおいた．

$$\boldsymbol{f} = \int_S \boldsymbol{N}^\mathsf{T} \boldsymbol{F} b\, dS \tag{11.78}$$

▶ 11.4.2 三角形定ひずみ要素による解法

前項で有限要素法における剛性方程式を導いた．この際，形状関数マトリックス $\boldsymbol{N}$ の具体的な内容については省略していた．そこで本項では，三角形からなる要素形状を例にとり，前項で導出した剛性マトリックスの成分を具体的に示していく．

さて，引張荷重を受ける段付き丸棒の問題においては，段付き丸棒を二つの要素（線素）で分割した．同様の方法をここで考えている平面問題に対して適用する．平面問題に対しては，図 11.9 (a)のように問題の領域を三角形で隙間なく分割する．この三角形が**要素**であり，この処理は問題の領域を**要素分割する**という．三角形の頂点が**節点**である．

図 11.9 (b)に示すように，平面問題からある要素を仮想的に取り出す．この要素の要素番号を m，要素の節点番号を反時計回りに i, j, k とする．それらの節点番号に対する座標，節点変位，節点力をつぎのように表すことにする．

節点番号	座標	節点変位	節点力
i	(x_1^i, x_2^i)	(u_1^i, u_2^i)	(f_1^i, f_2^i)
j	(x_1^j, x_2^j)	(u_1^j, u_2^j)	(f_1^j, f_2^j)
k	(x_1^k, x_2^k)	(u_1^k, u_2^k)	(f_1^k, f_2^k)

これにより，節点変位ベクトル $\boldsymbol{d}$ は

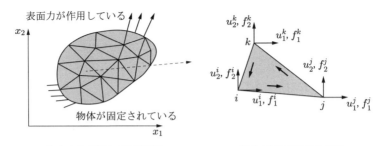

（a）平面問題の要素分割　　　　　（b）三角形形状の要素

図 11.9　要素分割された平面問題

$$\boldsymbol{d} = \left\{ u_1^i \ \ u_2^i \ \ u_1^j \ \ u_2^j \ \ u_1^k \ \ u_2^k \right\}^\mathsf{T} \tag{11.79}$$

のようにまとめられる．そして，要素内の変位ベクトル $\boldsymbol{u}$ に関する近似関数を

$$\boldsymbol{u} = \boldsymbol{N}\boldsymbol{d} \tag{11.80}$$

で表す．これはこれまでのステップ 1 に相当する．

　つぎに，式 (11.80) における形状関数マトリックス $\boldsymbol{N}$ を求めるために，つぎのように要素内の変位を一次関数で近似する．

$$u_1 = \alpha_1 + \alpha_2 x_1 + \alpha_3 x_2, \qquad u_2 = \alpha_4 + \alpha_5 x_1 + \alpha_6 x_2 \tag{11.81}$$

そして，未知定数 $\alpha_i \ (i = 1, \dots, 6)$ が境界条件を満足するように定めると，

$$\left. \begin{aligned}
u_1 &= \frac{1}{2\psi} \big\{ (a_1 + b_1 x_1 + c_1 x_2) u_1^i + (a_2 + b_2 x_1 + c_2 x_2) u_1^j \\
&\qquad + (a_3 + b_3 x_1 + c_3 x_2) u_1^k \big\} \\
u_2 &= \frac{1}{2\psi} \big\{ (a_1 + b_1 x_1 + c_1 x_2) u_2^i + (a_2 + b_2 x_1 + c_2 x_2) u_2^j \\
&\qquad + (a_3 + b_3 x_1 + c_3 x_2) u_2^k \big\}
\end{aligned} \right\} \tag{11.82}$$

のようになる．ここで，

$$\left. \begin{aligned}
a_1 &= x_1^j x_2^k - x_1^k x_2^j, & a_2 &= x_1^k x_2^i - x_1^i x_2^k, & a_3 &= x_1^i x_2^j - x_1^j x_2^i \\
b_1 &= x_2^j - x_2^k, & b_2 &= x_2^k - x_2^i, & b_3 &= x_2^i - x_2^j \\
c_1 &= x_1^k - x_1^j, & c_2 &= x_1^i - x_1^k, & c_3 &= x_1^j - x_1^i
\end{aligned} \right\} \tag{11.83}$$

$$\psi = \frac{1}{2} \begin{vmatrix} 1 & x_1^i & x_2^i \\ 1 & x_1^j & x_2^j \\ 1 & x_1^k & x_2^k \end{vmatrix} \tag{11.84}$$

であり，ψ は三角形の面積である．具体的な式変形については各自取り組んでほしい．

以上により，式 (11.80) と式 (11.82) を比較することで形状関数マトリックス $\boldsymbol{N}$ が

$\boldsymbol{N} =$

$$\frac{1}{2\psi} \begin{bmatrix} a_1 + b_1 x_1 + c_1 x_2 & 0 & a_2 + b_2 x_1 + c_2 x_2 & 0 & a_3 + b_3 x_1 + c_3 x_2 & \\ 0 & a_1 + b_1 x_1 + c_1 x_2 & 0 & a_2 + b_2 x_1 + c_2 x_2 & 0 & a_3 + b_3 x_1 + c_3 x_2 \end{bmatrix} \tag{11.85}$$

のように求められる．さらに，変位 - ひずみマトリックス $\boldsymbol{B}$ は，式 (11.64) に式 (11.85) を代入して

$$\boldsymbol{B} = \frac{1}{2\psi} \begin{bmatrix} b_1 & 0 & b_2 & 0 & b_3 & 0 \\ 0 & c_1 & 0 & c_2 & 0 & c_3 \\ c_1 & b_1 & c_2 & b_2 & c_3 & b_3 \end{bmatrix} \tag{11.86}$$

となる．よって，三角形形状の要素に対する剛性マトリックスは，

$$\boldsymbol{K} = \int_A \boldsymbol{B}^\mathsf{T} \boldsymbol{D}^e \boldsymbol{B} b \, dA \tag{11.87}$$

に代入すれば得られる．ここで，式 (11.86) においてマトリックスの要素が一定であるから，式 (11.63) より要素内でひずみ成分が一定であることがわかる．このことから，この要素は**三角形定ひずみ要素**とよばれる．そして，剛性方程式は

$$\boldsymbol{K} \boldsymbol{d} = \boldsymbol{f} \tag{11.88}$$

である．ここで，

$$\boldsymbol{f} = \left\{ f_1^i \ f_2^i \ f_1^j \ f_2^j \ f_1^k \ f_2^k \right\}^\mathsf{T} \tag{11.89}$$

であり，節点力を成分にもつベクトルである．ここで，節点変位ベクトル $\boldsymbol{d}$ は要素を構成している節点変位からなっているため，式 (11.73) や式 (11.75) のように積分の外に出すことができたことが理解できたであろう．

つぎに，図 11.10 に示す隣接した二つの三角形形状の要素について考えてみる．左側の要素番号を 1，右側の要素番号を 2 とする．そして，要素番号 1 の三角形要素の頂点，すなわち節点番号を 1，2，3 とし，要素番号 2 のそれを 2，4，3 とする．そして，隣接した二つの要素は節点番号 2 と 3 で連結しているものとしよう．この二つの要素

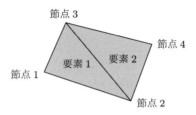

図 11.10　隣接した二つの要素

からなる平面問題に対する剛性マトリックスと剛性方程式を求める. そのため, それ
ぞれの要素に付随した節点での節点変位と節点力をつぎのように表すことにする.

まず, 要素番号 m における節点番号 n での節点変位ベクトルを

$$\boldsymbol{d}_n^m = \left\{ \begin{array}{c} u_1^n \\ u_2^n \end{array} \right\}_m \tag{11.90}$$

のように, そして節点力ベクトルを

$$\boldsymbol{f}_n^m = \left\{ \begin{array}{c} f_1^n \\ f_2^n \end{array} \right\}_m \tag{11.91}$$

のように表すことにする. ここで, それぞれのベクトルの成分における添字の約束は
式 (11.79) のそれに従っているが, そのベクトルがどの要素に属しているのかを明確
にするために, 右辺のベクトルをまとめる括弧 { } に下添字として要素番号 m をつけ
ている. また, これらの成分をボールドの記号でベクトル $\boldsymbol{d}$ と $\boldsymbol{f}$ でまとめ, その上添
字に要素番号 m, 下添字に節点番号 n をつけて, 他の要素番号と節点番号と区別でき
るようにした. これらの記号を用いると, たとえば要素番号 1 の剛性方程式はつぎの
ようになる.

$$\begin{bmatrix} K_{11}^1 & K_{12}^1 & K_{13}^1 \\ K_{21}^1 & K_{22}^1 & K_{23}^1 \\ K_{31}^1 & K_{32}^1 & K_{33}^1 \end{bmatrix} \left\{ \begin{array}{c} \boldsymbol{d}_1^1 \\ \boldsymbol{d}_2^1 \\ \boldsymbol{d}_3^1 \end{array} \right\} = \left\{ \begin{array}{c} \boldsymbol{f}_1^1 \\ \boldsymbol{f}_2^1 \\ \boldsymbol{f}_3^1 \end{array} \right\} \tag{11.92}$$

ここで, 剛性マトリックスの成分 K_{ij}^m の上添字 m は要素番号であり, これらの成分
は式 (11.87) により求められる. また, ベクトルの成分において要素中心からみ
て反時計回りに節点番号を並べている点に注意してほしい. 同様にして要素番号 2 の
それはつぎのようになる.

$$\begin{bmatrix} K_{11}^2 & K_{12}^2 & K_{13}^2 \\ K_{21}^2 & K_{22}^2 & K_{23}^2 \\ K_{31}^2 & K_{32}^2 & K_{33}^2 \end{bmatrix} \left\{ \begin{array}{c} \boldsymbol{d}_2^2 \\ \boldsymbol{d}_4^2 \\ \boldsymbol{d}_3^2 \end{array} \right\} = \left\{ \begin{array}{c} \boldsymbol{f}_2^2 \\ \boldsymbol{f}_4^2 \\ \boldsymbol{f}_3^2 \end{array} \right\} \tag{11.93}$$

つぎに，二つの要素を節点番号 2 と 3 で結合するための結合条件として，変位成分の連続条件は

$$d_2^1 = d_2^2 \equiv d_2 \tag{11.94}$$

$$d_3^1 = d_3^2 \equiv d_3 \tag{11.95}$$

である．ここで，節点番号 2 の変位ベクトル（式 (11.94)）を d_2，節点番号 3 のそれ（式 (11.95)）を d_3 とおいた．さらに合力の条件は

$$f_2^1 + f_2^2 = f_2 \tag{11.96}$$

$$f_3^1 + f_3^2 = f_3 \tag{11.97}$$

である．よって，これらの条件を考慮しながら式 (11.92) と式 (11.93) を結合すると，

$$\begin{bmatrix} K_{11}^1 & K_{12}^1 & K_{13}^1 & 0 \\ K_{21}^1 & (K_{22}^1 + K_{11}^2) & (K_{23}^1 + K_{13}^2) & K_{12}^2 \\ K_{31}^1 & (K_{32}^1 + K_{31}^2) & (K_{33}^1 + K_{33}^2) & K_{32}^2 \\ 0 & K_{21}^2 & K_{23}^2 & K_{22}^2 \end{bmatrix} \begin{Bmatrix} d_1^1 \\ d_2 \\ d_3 \\ d_4^2 \end{Bmatrix} = \begin{Bmatrix} f_1^1 \\ f_2^1 + f_2^2 = f_2 \\ f_3^1 + f_3^2 = f_3 \\ f_4^2 \end{Bmatrix} \tag{11.98}$$

となり，これが隣接した二つの要素からなる平面問題の剛性方程式となる．ここで，剛性マトリックスの成分に注目すると，

$$K_{12}^1 = K_{21}^1, \qquad K_{13}^1 = K_{31}^1, \qquad K_{32}^2 = K_{23}^2, \qquad (K_{23}^1 + K_{13}^2) = (K_{32}^1 + K_{31}^2)$$

であるから，剛性マトリックスは対称である．

要素数が増え，図 11.9（a）のように平面問題が多くの三角形状要素で分割されているときも，上述したように二つの隣接した三角形要素に対して剛性方程式を求めた方法と同じ手順を踏めばよい．すなわち，それぞれの要素に対する剛性マトリックスを求める．そして，結合している節点を介して，それぞれの剛性マトリックスを重ね合せるようにして組み立てる．最後に，変位の連続性と合力の条件を考慮することで問題全体の剛性方程式を求める．

節点変位成分と節点力成分を未知量 x と既知量 b に振り分けると，

$$H x = b \tag{11.99}$$

のようなベクトル方程式が得られ，マトリックス H の逆行列を式 (11.99) の両辺に左から作用させれば未知ベクトルが求められる．

演習問題

11.1 図 11.11 に示すような四角形平板が二つの三角形状要素で分割されている．左側面，下面が図のように変位が固定（変位拘束）され，右側面の節点に水平右向き方向に荷重が作用しているとき，各節点での境界条件を示せ．

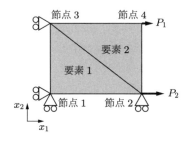

図 11.11　二つの三角形要素で分割された平板

11.2 平面ひずみ問題に対する弾性応力 – ひずみマトリックスを示せ．

11.3 3 次元問題に対する弾性応力 – ひずみマトリックスを示せ．

第12章 有限要素法による弾塑性解析

本章では，第11章で学んだ有限要素法による弾性問題の解法を弾塑性問題に拡張する．ここでの学びは，弾塑性問題で必要となる基礎式に限定される．そのため，読者がプログラムを組む，あるいは市販のソフトを利用する際には，非線形問題の数値解法の知識も必要になるため，そちらの専門書に目を通してほしい．

12.1 基礎式

▶ 12.1.1 一般的な問題

本節では，一般的な問題に対する基礎式を示していく．そのため，6.3.2 項に示した塑性仕事増分に戻ることにしよう．式 (6.37) において主応力で表されていたものを応力成分で置き換えれば，塑性仕事増分 ΔW^p はつぎのように表される．

$$\Delta W^p \quad \Rightarrow \quad \sigma_{ij}\Delta\varepsilon_{ij}^p = \overline{\sigma}\Delta\overline{\varepsilon}^p \tag{12.1}$$

この式の両辺を応力成分 σ_{ij} で微分すると，塑性ひずみ増分がつぎのように求められる．

$$\Delta\varepsilon_{ij}^p = \frac{\partial\overline{\sigma}}{\partial\sigma_{ij}}\,\Delta\overline{\varepsilon}^p \tag{12.2}$$

つぎに，ミーゼスの降伏条件をより一般の降伏条件に拡張する．このためには，相当応力 $\overline{\sigma}$ を降伏関数 f に，相当塑性ひずみ増分 $\Delta\overline{\varepsilon}^p$ を比例係数 $\Delta\lambda$ に置き換えればよいことが知られている．これにより式 (12.2) は次式となる．

$$\Delta\varepsilon_{ij}^p = \frac{\partial f}{\partial\sigma_{ij}}\,\Delta\lambda \tag{12.3}$$

この式は，塑性ひずみ増分が $\partial f/\partial\sigma_{ij}$ に比例して増加することを意味している．これはまた応力空間において降伏曲面 f での点 σ_{ij} に対して外向き法線方向に塑性ひずみ増分が増加していくとも解釈できる．そのため，**垂直性の条件**（normality condition）とよばれる．

降伏関数 f は

$$f = f\big(\sigma_{ij}, \varepsilon_{ij}^p\big) \tag{12.4}$$

のように応力成分と塑性ひずみ成分を変数にもつ関数とみなせる．前章で用いたのと同様のマトリックス記号に合わせれば，式 (12.4) は

$$f = f(\boldsymbol{\sigma}, \boldsymbol{\varepsilon}^p) \tag{12.5}$$

のように置き換えられる．ここで，

$$\boldsymbol{\sigma}^{\mathsf{T}} = \{\sigma_{11}, \sigma_{22}, \sigma_{33}, \ldots\}, \qquad (\boldsymbol{\varepsilon}^p)^{\mathsf{T}} = \{\varepsilon_{11}^p, \varepsilon_{22}^p, \varepsilon_{33}^p, \ldots\} \tag{12.6}$$

であり，T は転置記号である．

　塑性変形が進行しているとき，降伏関数の変化は，その全微分をとることにより求められて

$$\Delta f = \left(\frac{\partial f}{\partial \boldsymbol{\sigma}}\right)^{\mathsf{T}} \Delta\boldsymbol{\sigma} + \left(\frac{\partial f}{\partial \boldsymbol{\varepsilon}^p}\right)^{\mathsf{T}} \Delta\boldsymbol{\varepsilon}^p = 0 \tag{12.7}$$

である．ここで，$(\partial f/\partial \boldsymbol{\sigma})^{\mathsf{T}}$ と $(\partial f/\partial \boldsymbol{\varepsilon}^p)^{\mathsf{T}}$ の具体的な成分は以下のとおりである．

$$\left(\frac{\partial f}{\partial \boldsymbol{\sigma}}\right)^{\mathsf{T}} = \left\{\frac{\partial f}{\partial \sigma_{11}}, \frac{\partial f}{\partial \sigma_{22}}, \ldots\right\}, \qquad \left(\frac{\partial f}{\partial \boldsymbol{\varepsilon}^p}\right)^{\mathsf{T}} = \left\{\frac{\partial f}{\partial \varepsilon_{11}^p}, \frac{\partial f}{\partial \varepsilon_{22}^p}, \ldots\right\}$$

　また，式 (12.3) はマトリックス記号により，

$$\Delta\boldsymbol{\varepsilon}^p = \frac{\partial f}{\partial \boldsymbol{\sigma}} \Delta\lambda \tag{12.8}$$

とも書けるので，これを式 (12.7) に代入すると次式の関係式を得る．

$$\left(\frac{\partial f}{\partial \boldsymbol{\sigma}}\right)^{\mathsf{T}} \Delta\boldsymbol{\sigma} + \left(\frac{\partial f}{\partial \boldsymbol{\varepsilon}^p}\right)^{\mathsf{T}} \frac{\partial f}{\partial \boldsymbol{\sigma}} \Delta\lambda = 0 \tag{12.9}$$

　一方，フックの法則式 (11.58) をつぎのように増分形式に書き直す．

$$\Delta\boldsymbol{\sigma} = \boldsymbol{D}^e \Delta\boldsymbol{\varepsilon}^e \tag{12.10}$$

ここで，右辺のひずみは弾性ひずみであることを強調するために上添字 e を付けた．全ひずみ $\boldsymbol{\varepsilon}$ は，弾性ひずみ成分 $\boldsymbol{\varepsilon}^e$ と塑性ひずみ成分 $\boldsymbol{\varepsilon}^p$ の和であるから，それらの増分形式は

$$\Delta\boldsymbol{\varepsilon} = \Delta\boldsymbol{\varepsilon}^e + \Delta\boldsymbol{\varepsilon}^p \tag{12.11}$$

である．これにより，式 (12.10) を

$$\Delta\boldsymbol{\sigma} = \boldsymbol{D}^e(\Delta\boldsymbol{\varepsilon} - \Delta\boldsymbol{\varepsilon}^p) \tag{12.12}$$

のように，全ひずみ成分と塑性ひずみ成分で表す．さらに，右辺の塑性ひずみの項に式 (12.8) を代入すると，

$$\Delta\boldsymbol{\sigma} = \boldsymbol{D}^e \left(\Delta\boldsymbol{\varepsilon} - \frac{\partial f}{\partial \boldsymbol{\sigma}} \Delta\lambda \right) \tag{12.13}$$

となり，これを展開すると，

$$\Delta\boldsymbol{\sigma} = \boldsymbol{D}^e \Delta\boldsymbol{\varepsilon} - \boldsymbol{D}^e \frac{\partial f}{\partial \boldsymbol{\sigma}} \Delta\lambda \tag{12.14}$$

となる．最後に，この式を式 (12.9) に代入すると，

$$\left(\frac{\partial f}{\partial \boldsymbol{\sigma}} \right)^{\mathsf{T}} \left(\boldsymbol{D}^e \Delta\boldsymbol{\varepsilon} - \boldsymbol{D}^e \frac{\partial f}{\partial \boldsymbol{\sigma}} \Delta\lambda \right) + \left(\frac{\partial f}{\partial \boldsymbol{\varepsilon}^p} \right)^{\mathsf{T}} \frac{\partial f}{\partial \boldsymbol{\sigma}} \Delta\lambda = 0 \tag{12.15}$$

が得られ，比例係数 $\Delta\lambda$ について求めると，次式となる．

$$\Delta\lambda = \frac{\left(\dfrac{\partial f}{\partial \boldsymbol{\sigma}} \right)^{\mathsf{T}} \boldsymbol{D}^e \Delta\boldsymbol{\varepsilon}}{-\left(\dfrac{\partial f}{\partial \boldsymbol{\varepsilon}^p} \right)^{\mathsf{T}} \dfrac{\partial f}{\partial \boldsymbol{\sigma}} + \left(\dfrac{\partial f}{\partial \boldsymbol{\sigma}} \right)^{\mathsf{T}} \boldsymbol{D}^e \dfrac{\partial f}{\partial \boldsymbol{\sigma}}} \tag{12.16}$$

　式 (12.16) を計算した結果，比例係数 $\Delta\lambda$ が正であれば式 (12.8) に従って塑性変形が進行していく．このことから，比例係数は降伏条件の判定条件としても利用できる．

　最後に式 (12.16) を式 (12.13) に代入すれば，

$$\Delta\boldsymbol{\sigma} = (\boldsymbol{D}^e - \boldsymbol{D}^p)\Delta\boldsymbol{\varepsilon} \tag{12.17}$$

のようにまとめられる．ここで，

$$\boldsymbol{D}^p = \frac{\boldsymbol{D}^e \dfrac{\partial f}{\partial \boldsymbol{\sigma}} \left(\dfrac{\partial f}{\partial \boldsymbol{\sigma}} \right)^{\mathsf{T}} \boldsymbol{D}^e}{-\left(\dfrac{\partial f}{\partial \boldsymbol{\varepsilon}^p} \right)^{\mathsf{T}} \dfrac{\partial f}{\partial \boldsymbol{\sigma}} + \left(\dfrac{\partial f}{\partial \boldsymbol{\sigma}} \right)^{\mathsf{T}} \boldsymbol{D}^e \dfrac{\partial f}{\partial \boldsymbol{\sigma}}} \tag{12.18}$$

であり，これは**塑性応力‐ひずみマトリックス**（plastic stress-strain matrix）とよばれる．

▶ 12.1.2　平面応力問題

　平面応力状態を仮定してそれぞれのマトリックスにおける具体的な成分を示していこう．まず，弾性応力‐ひずみマトリックスはすでに式 (11.59) に示している．

　つぎに，塑性応力‐ひずみマトリクスを求めてみる．ここでは等方硬化則を仮定する．等方硬化則に対する降伏関数は

$$f = \overline{\sigma} - \sigma_y(\overline{\varepsilon}^p) \tag{12.19}$$

であるから，応力成分で微分して

$$\frac{\partial f}{\partial \boldsymbol{\sigma}} = \frac{\partial \overline{\sigma}}{\partial \boldsymbol{\sigma}}$$

となる．平面応力状態における相当応力は

$$\overline{\sigma} = \sqrt{\frac{1}{2}\left\{(\sigma_{11} - \sigma_{22})^2 + (\sigma_{22} - \sigma_{33})^2 + (\sigma_{33} - \sigma_{11})^2 + 6(\sigma_{12}^2 + \sigma_{23}^2 + \sigma_{31}^2)\right\}}$$

において，$\sigma_{33} = \sigma_{13} = \sigma_{23} = 0$ とおくと得られ，それは次式のようになる．

$$\overline{\sigma} = \sqrt{\sigma_{11}^2 - \sigma_{11}\sigma_{22} + \sigma_{22}^2 + 3\sigma_{12}^2} \tag{12.20}$$

よって，

$$\frac{\partial f}{\partial \boldsymbol{\sigma}} = \frac{3}{2\overline{\sigma}}\,\boldsymbol{\sigma}' \tag{12.21}$$

となる．これで式 (12.18) の分子が求められた．ここで，$\boldsymbol{\sigma}'$ は偏差応力ベクトルであり，その成分はつぎのように表される．

$$\boldsymbol{\sigma}' = \left\{\begin{array}{c} \sigma_{11}' \\ \sigma_{22}' \\ 2\sigma_{12} \end{array}\right\}, \qquad \begin{array}{c} \sigma_{11}' = \sigma_{11} - \sigma_m, \\[1mm] \sigma_{22}' = \sigma_{22} - \sigma_m \end{array} \qquad \sigma_m = \frac{\sigma_{11} + \sigma_{22}}{3} \tag{12.22}$$

つぎに，式 (12.18) の分母を求めるために，$-(\partial f/\partial \boldsymbol{\varepsilon}^p)^{\mathsf{T}} \cdot (\partial f/\partial \boldsymbol{\sigma})$ を計算していく．まず，分母の第 1 項は

$$-\left(\frac{\partial f}{\partial \boldsymbol{\varepsilon}^p}\right)^{\mathsf{T}} \frac{\partial f}{\partial \boldsymbol{\sigma}} = -\frac{\partial f}{\partial \overline{\varepsilon}^p}\left(\frac{\partial \overline{\varepsilon}^p}{\partial \boldsymbol{\varepsilon}^p}\right)^{\mathsf{T}} \frac{\partial f}{\partial \boldsymbol{\sigma}}$$

であり，右辺の $-\partial f/\partial \overline{\varepsilon}^p$ は式 (12.19) を代入して $\partial \sigma_y/\partial \overline{\varepsilon}^p$ となり，$(\partial \overline{\varepsilon}^p/\partial \boldsymbol{\varepsilon}^p)^{\mathsf{T}}$ において $\partial \overline{\varepsilon}^p$ を $\partial \lambda$ と置き換えると次式となる．

$$-\left(\frac{\partial f}{\partial \boldsymbol{\varepsilon}^p}\right)^{\mathsf{T}} \frac{\partial f}{\partial \boldsymbol{\sigma}} = \frac{\partial \sigma_y}{\partial \overline{\varepsilon}^p}\left(\frac{\partial \lambda}{\partial \boldsymbol{\varepsilon}^p}\right)^{\mathsf{T}} \frac{\partial f}{\partial \boldsymbol{\sigma}} \tag{12.23}$$

ところで，式 (12.8) から

$$\frac{\partial \lambda}{\partial \boldsymbol{\varepsilon}^p} = \frac{1}{\partial f/\partial \boldsymbol{\sigma}} \tag{12.24}$$

のように書き換えることができるから，これを式 (12.23) に代入すると，

$$-\left(\frac{\partial f}{\partial \boldsymbol{\varepsilon}^p}\right)^{\mathsf{T}} \frac{\partial f}{\partial \boldsymbol{\sigma}} = \frac{\partial \sigma_y}{\partial \overline{\varepsilon}^p} = H \tag{12.25}$$

を得る．ここで，H はひずみ硬化率である．

以上により，式 (12.21)，(12.25) を式 (12.18) に代入すると，平面応力状態における塑性応力 – ひずみマトリックスは

$$\boldsymbol{D}^p = \frac{1}{S} \begin{bmatrix} S_1^2 & S_1 S_2 & S_1 S_3 \\ S_2 S_1 & S_2^2 & S_2 S_3 \\ S_3 S_1 & S_3 S_2 & S_3^2 \end{bmatrix} \tag{12.26}$$

のようになる．ここで，マトリックスの成分はつぎのようになる．

$$S = \frac{4}{9} \overline{\sigma}^2 H + (S_1 \sigma'_{11} + S_2 \sigma'_{22} + 2 S_3 \sigma_{12})$$

$$S_1 = \frac{E}{1 - \nu^2} (\sigma'_{11} + \nu \sigma'_{22}), \qquad S_2 = \frac{E}{1 - \nu^2} (\nu \sigma'_{11} + \sigma'_{22}), \qquad S_3 = \frac{E}{1 + \nu} \sigma_{12}$$

なお，相当塑性ひずみ増分は

$$\Delta \overline{\varepsilon}^p = \sqrt{\frac{2}{3} \left[(\Delta \varepsilon_{11}^p)^2 + (\Delta \varepsilon_{22}^p)^2 + (\Delta \varepsilon_{33}^p)^2 + \frac{1}{2} \left\{ (\Delta \gamma_{12}^p)^2 + (\Delta \gamma_{23}^p)^2 + (\Delta \gamma_{31}^p)^2 \right\} \right]} \tag{6.51}$$

において $\Delta \gamma_{23}^p = \Delta \gamma_{31}^p = 0$ とおくとともに，塑性ひずみの非圧縮性条件

$$\Delta \varepsilon_{11}^p + \Delta \varepsilon_{22}^p + \Delta \varepsilon_{33}^p = 0$$

により，式 (6.51) において $\Delta \varepsilon_{33}^p$ を消去して

$$\Delta \overline{\varepsilon}^p = \sqrt{\frac{4}{3} \left\{ (\Delta \varepsilon_{11}^p)^2 + \Delta \varepsilon_{11}^p \Delta \varepsilon_{22}^p + (\Delta \varepsilon_{22}^p)^2 + \frac{1}{4} (\Delta \gamma_{12}^p)^2 \right\}} \tag{12.27}$$

となる．よって，塑性ひずみは次式により計算できる．

$$\overline{\varepsilon}^p = \int d \overline{\varepsilon}^p \tag{12.28}$$

12.2　剛性方程式

弾塑性問題に対する全ポテンシャルエネルギーを求める．式 (11.57) よりひずみエネルギーは

$$U = \frac{1}{2} \int_A \boldsymbol{\sigma}^\mathsf{T} \boldsymbol{\varepsilon} b \, dA \tag{12.29}$$

であり，式 (11.68) より外力によってなされた仕事は

$$W = \int_S \boldsymbol{u}^\mathsf{T} \boldsymbol{F} b \, dS \tag{12.30}$$

であった．これらの式から，全ポテンシャルエネルギーはつぎのように表される．

$$\Pi = U - W = \frac{1}{2} \int_A \boldsymbol{\sigma}^\mathsf{T} \boldsymbol{\varepsilon} b \, dA - \int_S \boldsymbol{u}^\mathsf{T} \boldsymbol{F} b \, dS \tag{12.31}$$

ここで，荷重を受ける弾塑性体の変形状態が，状態 1, 2, 3, ..., n のように微小な荷重増分のもとで進行していくものとすると，状態 n における全ポテンシャルエネルギーを Π とすれば，状態 $n+1$ においては

$$\Pi + \Delta\Pi = \frac{1}{2} \int_A (\boldsymbol{\sigma} + \Delta\boldsymbol{\sigma})^\mathsf{T} (\boldsymbol{\varepsilon} + \Delta\boldsymbol{\varepsilon}) b \, dA - \int_S (\boldsymbol{u} + \Delta\boldsymbol{u})^\mathsf{T} (\boldsymbol{F} + \Delta\boldsymbol{F}) b \, dS \tag{12.32}$$

と書けるから，状態変化に対する全ポテンシャルエネルギーの増分量は，

$$\begin{aligned}
\Delta\Pi = &\frac{1}{2} \int_A (\Delta\boldsymbol{\sigma}^\mathsf{T} \boldsymbol{\varepsilon} + \Delta\boldsymbol{\sigma}^\mathsf{T} \Delta\boldsymbol{\varepsilon} + \boldsymbol{\sigma}^\mathsf{T} \Delta\boldsymbol{\varepsilon}) b \, dA \\
&- \int_S (\Delta\boldsymbol{u}^\mathsf{T} \boldsymbol{F} + \Delta\boldsymbol{u}^\mathsf{T} \Delta\boldsymbol{F} + \boldsymbol{u}^\mathsf{T} \Delta\boldsymbol{F}) b \, dS
\end{aligned} \tag{12.33}$$

となる．$\boldsymbol{D} = \boldsymbol{D}^e - \boldsymbol{D}^p$ とおいて，式 (12.33) に式 (12.17) を代入すると，

$$\begin{aligned}
\Delta\Pi = &\frac{1}{2} \int_A (\Delta\boldsymbol{\varepsilon}^\mathsf{T} \boldsymbol{D}^\mathsf{T} \boldsymbol{\varepsilon} + \Delta\boldsymbol{\varepsilon}^\mathsf{T} \boldsymbol{D}^\mathsf{T} \Delta\boldsymbol{\varepsilon} + \boldsymbol{\sigma}^\mathsf{T} \Delta\boldsymbol{\varepsilon}) b \, dA \\
&- \int_S (\Delta\boldsymbol{u}^\mathsf{T} \boldsymbol{F} + \Delta\boldsymbol{u}^\mathsf{T} \Delta\boldsymbol{F} + \boldsymbol{u}^\mathsf{T} \Delta\boldsymbol{F}) b \, dS
\end{aligned} \tag{12.34}$$

を得る．つぎに右辺第 1 項において，$\boldsymbol{D}^\mathsf{T} \boldsymbol{\varepsilon} = \boldsymbol{D}\boldsymbol{\varepsilon} \Rightarrow \boldsymbol{\sigma}$ と置き換えれば，

$$\begin{aligned}
\Delta\Pi = &\frac{1}{2} \int_A (\Delta\boldsymbol{\varepsilon}^\mathsf{T} \boldsymbol{\sigma} + \Delta\boldsymbol{\varepsilon}^\mathsf{T} \boldsymbol{D}^\mathsf{T} \Delta\boldsymbol{\varepsilon} + \boldsymbol{\sigma}^\mathsf{T} \Delta\boldsymbol{\varepsilon}) b \, dA \\
&- \int_S (\Delta\boldsymbol{u}^\mathsf{T} \boldsymbol{F} + \Delta\boldsymbol{u}^\mathsf{T} \Delta\boldsymbol{F} + \boldsymbol{u}^\mathsf{T} \Delta\boldsymbol{F}) b \, dS
\end{aligned}$$

となり，$\Delta\boldsymbol{\varepsilon}^\mathsf{T} \boldsymbol{\sigma} = \boldsymbol{\sigma}^\mathsf{T} \Delta\boldsymbol{\varepsilon}$ の関係からつぎのようにも書ける．

$$\begin{aligned}
\Delta\Pi = &\frac{1}{2} \int_A (\Delta\boldsymbol{\varepsilon}^\mathsf{T} \boldsymbol{D}^\mathsf{T} \Delta\boldsymbol{\varepsilon} + 2\Delta\boldsymbol{\varepsilon}^\mathsf{T} \boldsymbol{\sigma}) b \, dA \\
&- \int_S (\Delta\boldsymbol{u}^\mathsf{T} \boldsymbol{F} + \Delta\boldsymbol{u}^\mathsf{T} \Delta\boldsymbol{F} + \boldsymbol{u}^\mathsf{T} \Delta\boldsymbol{F}) b \, dS
\end{aligned} \tag{12.35}$$

さらに，変位増分 $\Delta\boldsymbol{u}$ で全ポテンシャルエネルギー増分量 $\Delta\Pi$ に対して変分をとると，

$$\delta(\Delta\Pi) = \int_A (\delta\Delta\boldsymbol{\varepsilon}^\mathsf{T}\boldsymbol{D}^\mathsf{T}\Delta\boldsymbol{\varepsilon} + \delta\Delta\boldsymbol{\varepsilon}^\mathsf{T}\boldsymbol{\sigma})b\,dA$$
$$- \int_S (\delta\Delta\boldsymbol{u}^\mathsf{T}\boldsymbol{F} + \delta\Delta\boldsymbol{u}^\mathsf{T}\Delta\boldsymbol{F})b\,dS \tag{12.36}$$

となり，最小ポテンシャルエネルギーの原理 $\delta(\Delta\Pi) = 0$ より，

$$\int_A (\delta\Delta\boldsymbol{\varepsilon}^\mathsf{T}\boldsymbol{D}^\mathsf{T}\Delta\boldsymbol{\varepsilon} + \delta\Delta\boldsymbol{\varepsilon}^\mathsf{T}\boldsymbol{\sigma})b\,dA - \int_S (\delta\Delta\boldsymbol{u}^\mathsf{T}\boldsymbol{F} + \delta\Delta\boldsymbol{u}^\mathsf{T}\Delta\boldsymbol{F})b\,dS = 0 \tag{12.37}$$

が得られる．変位ベクトル増分 $\Delta\boldsymbol{d}$ は，式 (11.62) より，

$$\Delta\boldsymbol{u} = \boldsymbol{N}\Delta\boldsymbol{d} \tag{12.38}$$

とひずみ増分 $\Delta\boldsymbol{\varepsilon}$ は，式 (11.63) より，

$$\Delta\boldsymbol{\varepsilon} = \boldsymbol{A}\Delta\boldsymbol{u} = \boldsymbol{A}\boldsymbol{N}\Delta\boldsymbol{d} = \boldsymbol{B}\Delta\boldsymbol{d} \tag{12.39}$$

となり，式 (12.38) と式 (12.39) を式 (12.37) に代入して整理すると，

$$\int_A (\delta\Delta\boldsymbol{d}^\mathsf{T}\boldsymbol{B}^\mathsf{T}\boldsymbol{D}^\mathsf{T}\boldsymbol{B}\Delta\boldsymbol{d} + \delta\Delta\boldsymbol{d}^\mathsf{T}\boldsymbol{B}^\mathsf{T}\boldsymbol{\sigma})b\,dA$$
$$- \int_S (\delta\Delta\boldsymbol{d}^\mathsf{T}\boldsymbol{N}^\mathsf{T}\boldsymbol{F} + \delta\Delta\boldsymbol{d}^\mathsf{T}\boldsymbol{N}^\mathsf{T}\Delta\boldsymbol{F})b\,dS = 0 \tag{12.40}$$

を得る．最後に，$\delta\Delta\boldsymbol{d}^\mathsf{T}$ を積分の外に出して

$$\delta\Delta\boldsymbol{d}^\mathsf{T}\left[\int_A (\boldsymbol{B}^\mathsf{T}\boldsymbol{D}^\mathsf{T}\boldsymbol{B}\Delta\boldsymbol{d} + \boldsymbol{B}^\mathsf{T}\boldsymbol{\sigma})b\,dA - \int_S (\boldsymbol{N}^\mathsf{T}\boldsymbol{F} + \boldsymbol{N}^\mathsf{T}\Delta\boldsymbol{F})b\,dS\right] = 0$$

のようにまとめ，$\delta\Delta\boldsymbol{d}^\mathsf{T}$ が任意の変位増分量であることから

$$\int_A \left(\boldsymbol{B}^\mathsf{T}\boldsymbol{D}^\mathsf{T}\boldsymbol{B}\Delta\boldsymbol{d} + \boldsymbol{B}^\mathsf{T}\boldsymbol{\sigma}\right)b\,dA - \int_S \left(\boldsymbol{N}^\mathsf{T}\boldsymbol{F} + \boldsymbol{N}^\mathsf{T}\Delta\boldsymbol{F}\right)b\,dS = 0 \tag{12.41}$$

を得る．これはつぎのようにまとめられる．

$$(\boldsymbol{K}^e - \boldsymbol{K}^p)\Delta\boldsymbol{d} = \Delta\boldsymbol{f} + \Delta\boldsymbol{R} \tag{12.42}$$

ここで，

$$\boldsymbol{K}^e = \int_A \boldsymbol{B}^\mathsf{T}(\boldsymbol{D}^e)^\mathsf{T}\boldsymbol{B}b\,dA \tag{12.43}$$

$$\boldsymbol{K}^p = \int_A \boldsymbol{B}^{\mathsf{T}} (\boldsymbol{D}^p)^{\mathsf{T}} \boldsymbol{B} b \, dA \tag{12.44}$$

$$\Delta \boldsymbol{f} = \int_S \boldsymbol{N}^{\mathsf{T}} \Delta \boldsymbol{F} b \, dS \tag{12.45}$$

$$\Delta \boldsymbol{R} = \int_S \boldsymbol{N}^{\mathsf{T}} \boldsymbol{F} b \, dS - \int_A \boldsymbol{B}^{\mathsf{T}} \boldsymbol{\sigma} b \, dA \tag{12.46}$$

である. $\boldsymbol{K}^e$ は**弾性剛性マトリックス**（elastic stiffness matrix）, $\boldsymbol{K}^p$ は**塑性剛性マトリックス**（plastic stiffness matirx）, $\Delta \boldsymbol{f}$ は節点荷重増分ベクトル, $\Delta \boldsymbol{R}$ は残差ベクトルである. 残差ベクトルは, 状態 n までの解析において完全にゼロとなっているはずであるが, 逐次増分解析のなかで同ベクトルには誤差が残る. よって, これまでに増分計算することで残った誤差, すなわち残差ベクトルが小さくなるようつぎの状態 $n+1$ で解消されるよう計算が行わなければならない.

12.3　2 次元平面問題の解法

本節では, 式 (12.42) の剛性方程式, すなわち

$$\boldsymbol{K} \Delta \boldsymbol{d} = \Delta \boldsymbol{f} + \Delta \boldsymbol{R} \tag{12.47}$$

の解法の概要を説明する. ここで, 剛性マトリックスを $\boldsymbol{K} = \boldsymbol{K}^e - \boldsymbol{K}^p$ とおいた. 2 次元平面問題における領域全体を, たとえば三角形要素で分割し, それぞれの要素に対する剛性マトリックスを求める. その後, 節点変位と節点力に関する結合条件に基づいて領域全体の剛性マトリックスを組み立てる. 最後に, 剛性方程式に境界条件を代入して, 領域内での節点変位と節点力を求める. 得られた節点変位から各要素内でのひずみ成分, 応力成分を求め, 式 (12.16) の比例係数を計算する. 比例係数が正であれば同領域は降伏, 塑性変形が進行しているものと判断する. 以上により, 判断された領域が弾性域と判定されれば剛性マトリックスには $\boldsymbol{K}^e$ を, 塑性域と判断されれば $\boldsymbol{K} = \boldsymbol{K}^e - \boldsymbol{K}^p$ としてふたたび上述した計算を繰り返す. 弾性域においては, 一度の計算で解が得られるが, 塑性域に対してはつぎのように繰り返し計算して解を求める. なお, 詳細は専門書[†]を読んでほしい.

繰り返し計算の最初のステップは, 図 12.1 において

[†]　参考書としてはたとえば下記がある.
　　矢川元基, 宮崎則幸, 「有限要素法による熱応力・クリープ・熱伝導解析」, サイエンス社, 1991.
　　三好俊郎, 白鳥正樹, 座古勝, 坂田信二, 「有限要素法—構造要素の変形・破壊挙動の解析—」, 実教出版, 1978.

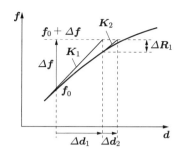

図12.1 繰り返し計算方法の説明図

$$K_1 \Delta d_1 = \Delta f \tag{12.48}$$

であり，節点変位増分に対する第一近似 Δd_1 は，式 (12.48) を解いてつぎのように
なる．

$$\Delta d_1 = K_1^{-1} \Delta f \tag{12.49}$$

つぎに，得られた節点変位増分からひずみ増分と応力増分を求める．

$$\Delta \varepsilon_1 = B_0 \Delta d_1, \qquad \Delta \sigma_1 = (D^e - D^p)_0 \Delta \varepsilon_1 \tag{12.50}$$

そして，応力増分 $\Delta \sigma_1$ を本ステップ前の応力状態 σ_0 に加えて

$$\sigma_1 = \sigma_0 + \Delta \sigma_1 \tag{12.51}$$

を応力の第一近似値とみなす．これにより，残差ベクトル ΔR_1 は式 (12.46) から次
式となる．

$$\Delta R_1 = (f_0 + \Delta f) - \sum \int B_0^{\mathsf{T}} \sigma_1 b \, dA \tag{12.52}$$

ただし，積分は各要素について行い，総和は各々の節点に集まる要素についてとるも
のとする．

　つぎのステップでの剛性方程式は

$$K_2 \Delta d_2 = \Delta R_1 \tag{12.53}$$

として節点変位増分を求めると，

$$\Delta d_2 = K_2^{-1} \Delta R_1 \tag{12.54}$$

となり，上述した計算を，解が収束するまで繰り返す．各増分ステップにおける節点
変位増分，要素の応力とひずみ増分の解はつぎのようになる．

$$\Delta d = \sum_{i=1}^{N} \Delta d_i, \qquad \Delta \varepsilon = \sum_{i=1}^{N} \Delta \varepsilon_i, \qquad \Delta \sigma = \sum_{i=1}^{N} \Delta \sigma_i \qquad (12.55)$$

ここで，N は反復計算における繰り返し数を表す．なお，ここに紹介した計算方法は多数ある方法の一つであるから，その詳細については有限要素解析の専門書を見てもらいたい．

演習問題

12.1 3 次元問題に対する塑性応力 – ひずみマトリックスを求めよ．

12.2 平面ひずみ問題に対する塑性応力 – ひずみマトリックスを求めよ．

12.3 等方硬化則と移動硬化則の両方を考慮したときの比例係数を求めよ．

演習問題解答

第 1 章

1.1 直方体の辺の長さを a, b, c とする．すると，この直方体の体積は $V = abc$ となる．つぎに変形後の直方体の体積は $V' = (1 + \varepsilon_1)a \times (1 + \varepsilon_2)b \times (1 + \varepsilon_3)c$ となるから，体積変化 ΔV は

$$\Delta V = V' - V = (1 + \varepsilon_1)(1 + \varepsilon_2)(1 + \varepsilon_3)V - V$$
$$= (\varepsilon_1 + \varepsilon_2 + \varepsilon_3 + \varepsilon_1\varepsilon_2 + \varepsilon_1\varepsilon_3 + \varepsilon_2\varepsilon_3 + \varepsilon_1\varepsilon_2\varepsilon_3)V$$

となる．右辺の $\varepsilon_1\varepsilon_2 + \varepsilon_1\varepsilon_3 + \varepsilon_2\varepsilon_3 + \varepsilon_1\varepsilon_2\varepsilon_3$ は他の項に比べて小さいため無視できて

$$\Delta V = (\varepsilon_1 + \varepsilon_2 + \varepsilon_3)V$$

となり，体積一定則をひずみ成分で表すと次式のように求められる．

$$\varepsilon_1 + \varepsilon_2 + \varepsilon_3 = 0$$

1.2 鋼球の中心を原点として球座標系 (r, θ, φ) をとれば，この球に作用している応力成分は

$$\sigma_{rr} = -p, \qquad \sigma_{\theta\theta} = -p, \qquad \sigma_{\varphi\varphi} = -p$$

となる．一方，水面からの深さに比例して鋼球には静水圧 $-p$ が作用しているから，塑性変形に関与する偏差応力は，式 (1.11) より，

$$\sigma'_{rr} = \sigma_{rr} - (-p) = -p + p = 0$$
$$\sigma'_{\theta\theta} = \sigma_{\theta\theta} - (-p) = -p + p = 0$$
$$\sigma'_{\varphi\varphi} = \sigma_{\varphi\varphi} - (-p) = -p + p = 0$$

となり，**どれだけ深く水中に沈められても鋼球は塑性変形しない**．

1.3 引張荷重が最大となるとき，次式が成り立つ．

$$dP = d(\sigma A) = Ad\sigma + \sigma dA = 0 \tag{a1.1}$$

一方，体積一定則から

$$dV = d(Al) = Adl + ldA = 0$$

となる．よって，次式のように求められる．

$$\frac{dl}{l} = -\frac{dA}{A} = d\varepsilon \tag{a1.2}$$

最後に式 (a1.1) を式 (a1.2) に代入して，式 (1.12) が示される．

第 2 章

2.1 省略.

2.2 棒どうしを結び付けているピンでの力のつり合いの式は，図 a2.1 よりつぎのようになる．

$$R_1 = R_3$$

$$\frac{1}{\sqrt{2}}R_1 + \frac{1}{\sqrt{2}}R_3 + R_2 = P \qquad\qquad \text{(a2.1)}$$

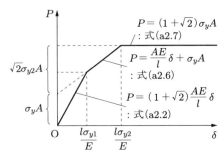

ここで，$R_i\ (i=1,2,3)$ は #1, 2, 3 の棒の内力である．伸びの条件により，

$$\frac{R_2 l}{2AE} = \frac{R_1 l}{AE}$$

となる．これにより，すべての棒が弾性状態にあるとき，それぞれの棒の内力 R_i は

図 a2.1

$$R_1 = R_3 = \frac{P}{\sqrt{2}+2}, \qquad R_2 = \frac{2P}{\sqrt{2}+2}$$

となる．よって，棒 #2 に作用する内力がもっとも大きいことがわかる．

そして，弾性状態における荷重と伸びの関係は

$$\delta = \delta_2 = \frac{R_2 l}{\sqrt{2}\,AE} = \frac{\sqrt{2}\,Pl}{(\sqrt{2}+2)AE}$$

となる．よって，荷重について求めると，

$$P = (1+\sqrt{2})\frac{AE}{l}\delta \qquad\qquad \text{(a2.2)}$$

となる．荷重 P が増加することにより，棒 #2 がはじめに降伏する．式 (a2.1) より，

$$\sqrt{2}\,R_1 + \sigma_y A = P \qquad\qquad \text{(a2.3)}$$

であるから，次式となる．

$$R_1 = \frac{P - \sigma_y A}{\sqrt{2}}$$

これにより，棒 #1 に生じる伸びはつぎのようになる．

$$\delta_1 = \frac{R_1 l}{AE} = \frac{P - \sigma_y A}{\sqrt{2}}\frac{l}{AE} \qquad\qquad \text{(a2.4)}$$

一方，荷重の作用点での伸びは

$$\delta = \sqrt{2}\,\delta_1 \qquad\qquad \text{(a2.5)}$$

であるから，式 (a2.4) と式 (a2.5) から荷重 P を求めるとつぎのようになる．

$$P = \frac{AE}{l}\delta + \sigma_y A \qquad \text{(a2.6)}$$

最後に，棒 #1 と #3 が同時に降伏したとすると，式 (a2.3) より，

$$\sqrt{2}\,\sigma_y A + \sigma_y A = P$$

となり，よって

$$P = (1+\sqrt{2})\sigma_y A \qquad \text{(a2.7)}$$

となる．図 a2.2 に本問題の荷重 - 伸び線図を示す．

図 a2.2　荷重 - 伸び線図

第 3 章

3.1 $\sigma_m/\sigma_y = 1/3$ のとき，$(\sigma_m + \sigma_b)/\sigma_y = 5/3$ が最大値となる.

3.2 等分布荷重を受ける両端支持はりの問題において，最大曲げモーメントははりの中央で生じ，その大きさは

$$M = \frac{wl^2}{8}$$

となり，式 (3.14) よりつぎのようになる.

$$w_U = 2\sigma_y \frac{bh^2}{l^2} \tag{a3.1}$$

なお，演習問題 3.3 へのつながりも考慮して，つぎのような別解法も説明しておく. まず，式 (3.23) より，

$$\frac{wl^2}{8} = \sigma_b \frac{bh^2}{6} \quad \Rightarrow \quad \sigma_b = \frac{3}{4}\frac{wl^2}{bh^2} \tag{a3.2}$$

のように曲げ応力が求められる. これと $\sigma_m = 0$ を塑性崩壊条件式 (3.24) に代入して，w について求めると，

$$w_U = 2\sigma_y \frac{bh^2}{l^2}$$

が得られる. これは式 (a3.1) に一致している.

3.3 塑性崩壊条件式 (3.24) にはりの最大曲げ応力式 (a3.2) を代入し，膜応力 σ_m について求める. これにより，はりが塑性崩壊するときの引張荷重は $P_U = \sigma_m bh$ により求められ，その結果はつぎのようになる.

$$P_U = \sigma_y bh \sqrt{1 - \frac{wl^2}{2bh^2\sigma_y}}$$

3.4 図 3.14 の問題に対して，塑性関節を用いて解析モデルで図示すると，図 a3.1 のようになる. ここで，図では ○ で塑性関節を示している. 作用点でのたわみを δ，左側の固定支持での回転角を $\Delta\theta$，右側のそれを $\Delta\varphi$ と仮定する. すると，図の直角三角形において，左側の固定支持からみたたわみと，右側のそれからみたたわみの間には

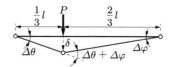

図 a3.1 塑性関節による解析モデル

$$\delta = \frac{l}{3}\Delta\theta = \frac{2l}{3}\Delta\varphi \tag{a3.3}$$

が成り立つから，それぞれの回転角の間の関係式として次式が得られる.

$$\Delta\varphi = \frac{1}{2}\Delta\theta$$

つぎに，集中荷重 P によってはりになされた仕事は，集中荷重と作用点でのたわみを掛けることで得られ，式 (a3.3) によりつぎのようになる.

$$W = P\delta = \frac{1}{3}Pl\Delta\theta$$

一方，塑性関節が吸収する仕事は，それぞれの塑性関節での仕事の和をとって

$$U = M_U\{\Delta\theta + (\Delta\theta + \Delta\varphi) + \Delta\varphi\} = 3M_U\Delta\theta$$

となる．よって，$W = U$ より次式となる．

$$P_U = \frac{9M_U}{l} = \frac{9\sigma_y b h^2}{4l}$$

第 4 章

4.1 省略．ヒント：式 (4.18) の行列式を展開すれば式 (4.20) が求められる．

4.2 省略．ヒント：主応力が 3 次方程式 (4.19) の根であることから，式 (4.22) が導かれる．これを展開すれば式 (4.21) が求められる．

4.3 $\sigma_{13} = 0\,\mathrm{MPa}$, $\sigma_{23} = 0\,\mathrm{MPa}$ であるから，一つの主応力は $\sigma_{33} = 150\,\mathrm{MPa}$ である．他の二つの主応力は，$\sigma_{11} = 50\,\mathrm{MPa}$, $\sigma_{22} = 100\,\mathrm{MPa}$, $\sigma_{12} = 25\,\mathrm{MPa}$ を式 (4.6) に代入すれば求められ，結局，主応力は，$\sigma_1 = 150\,\mathrm{MPa}$, $\sigma_2 = 75 + 25\sqrt{2}\,\mathrm{MPa}$, $\sigma_3 = 75 - 25\sqrt{2}\,\mathrm{MPa}$ である．また，主応力軸の方向は，式 (4.5) に応力値を代入して

$$\tan 2\theta = \frac{2\sigma_{12}}{\sigma_{11} - \sigma_{22}} = -1$$

となる．よって，主応力軸の方向の一つは x_3 軸であり，その他は x_1 軸から角度 $\theta = 3\pi/8$, $-\pi/8$ の方向である．

4.4 以下，略解を示す．自ら計算して導出してみてほしい．

式 (4.33) は，式 (4.20) の第 1 式を偏差応力成分に置き換え，式 (4.30) を代入すればよい．

式 (4.34) は，式 (4.21) の第 1 式を偏差応力成分に置き換え，式 (4.31) を代入すればよい．

式 (4.35) は，式 (4.20) の第 2 式を偏差応力成分に置き換えればよい．ただし，せん断応力成分は，偏差応力がないためにそのままにしておく．

式 (4.36) は，式 (4.21) の第 2 式を偏差応力成分に置き換えればよい．

式 (4.37) は，$(\sigma_1' + \sigma_2' + \sigma_3')^2 = 0$ の関係式を展開した結果と式 (4.36) を組み合わせればよい．

式 (4.38) は，この式における二乗項を展開する．そして，$(\sigma_{11}' + \sigma_{22}' + \sigma_{33}')^2 = 0$ の関係式を展開し，その結果を代入すればよい．

式 (4.39) は，式 (4.38) で行った式変形を利用すればよい．

式 (4.40) は，式 (4.38) に式 (4.30) を代入すればよい．

式 (4.41) は，式 (4.40) から当然の結果として示される．

式 (4.42) は，式 (4.20) あるいは式 (4.21) を代入すればよい．

式 (4.43) は，式 (4.21) の第 3 式を偏差応力に置き換えればよい．

式 (4.44) は，式 (4.21) を代入すればよい．

第 5 章

5.1 軸対称問題における応力成分は

$$\sigma_{rr}, \qquad \sigma_{\theta\theta}, \qquad \sigma_{zz}, \qquad \sigma_{r\theta} = 0, \qquad \sigma_{rz} = 0, \qquad \sigma_{\theta z} = 0$$

であるから，トレスカの降伏条件は，それぞれの垂直応力成分を以下のように場合分けすればよい．

① $\sigma_{rr} < \sigma_{\theta\theta} < \sigma_{zz}$ のとき，$\sigma_{zz} - \sigma_{rr} = \sigma_y$

② $\sigma_{rr} > \sigma_{\theta\theta} > \sigma_{zz}$ のとき，$\sigma_{rr} - \sigma_{zz} = \sigma_y$

③ $\sigma_{\theta\theta} < \sigma_{zz} < \sigma_{rr}$ のとき，$\sigma_{rr} - \sigma_{\theta\theta} = \sigma_y$

④ $\sigma_{\theta\theta} > \sigma_{zz} > \sigma_{rr}$ のとき，$\sigma_{\theta\theta} - \sigma_{rr} = \sigma_y$

⑤ $\sigma_{zz} < \sigma_{rr} < \sigma_{\theta\theta}$ のとき，$\sigma_{\theta\theta} - \sigma_{zz} = \sigma_y$

⑥ $\sigma_{zz} > \sigma_{rr} > \sigma_{\theta\theta}$ のとき，$\sigma_{zz} - \sigma_{\theta\theta} = \sigma_y$

つぎに，ミーゼスの降伏条件は，それぞれの垂直応力を式 (5.16) に代入して次式となる．

$$(\sigma_{rr} - \sigma_{\theta\theta})^2 + (\sigma_{\theta\theta} - \sigma_{zz})^2 + (\sigma_{zz} - \sigma_{rr})^2 = 2\sigma_y^2$$

5.2　球対称問題における応力成分は

$$\sigma_{rr}, \qquad \sigma_{\theta\theta}, \qquad \sigma_{\varphi\varphi}, \qquad \sigma_{r\theta} = 0, \qquad \sigma_{r\varphi} = 0, \qquad \sigma_{\theta\varphi} = 0$$

であるから，トレスカの降伏条件は，それぞれの垂直応力成分を以下のように場合分けすればよい．

① $\sigma_{rr} < \sigma_{\theta\theta} < \sigma_{\varphi\varphi}$ のとき，$\sigma_{\varphi\varphi} - \sigma_{rr} = \sigma_y$
② $\sigma_{rr} > \sigma_{\theta\theta} > \sigma_{\varphi\varphi}$ のとき，$\sigma_{rr} - \sigma_{\varphi\varphi} = \sigma_y$
③ $\sigma_{\theta\theta} < \sigma_{\varphi\varphi} < \sigma_{rr}$ のとき，$\sigma_{rr} - \sigma_{\theta\theta} = \sigma_y$
④ $\sigma_{\theta\theta} > \sigma_{\varphi\varphi} > \sigma_{rr}$ のとき，$\sigma_{\theta\theta} - \sigma_{rr} = \sigma_y$
⑤ $\sigma_{\varphi\varphi} < \sigma_{rr} < \sigma_{\theta\theta}$ のとき，$\sigma_{\theta\theta} - \sigma_{\varphi\varphi} = \sigma_y$
⑥ $\sigma_{\varphi\varphi} > \sigma_{rr} > \sigma_{\theta\theta}$ のとき，$\sigma_{\varphi\varphi} - \sigma_{\theta\theta} = \sigma_y$

つぎに，ミーゼスの降伏条件は，それぞれの垂直応力を式 (5.16) に代入して次式となる．

$$(\sigma_{rr} - \sigma_{\theta\theta})^2 + (\sigma_{\theta\theta} - \sigma_{\varphi\varphi})^2 + (\sigma_{\varphi\varphi} - \sigma_{rr})^2 = 2\sigma_y^2$$

5.3　薄肉円筒の壁面に生じる応力成分は，つぎのようになる．

$$\sigma_{rr} = 0, \qquad \sigma_{\theta\theta} = p\,\frac{R}{t}, \qquad \sigma_{zz} = p\,\frac{R}{2t}$$

ここで，応力成分 σ_{rr} は薄肉円筒容器表面ではゼロ，内面では $-p$ となるが，他の成分に比べて小さいことからゼロとおいた．
　トレスカの降伏条件は

$$\sigma_{\theta\theta} - 0 = \sigma_y$$

より，内圧が次式のようになったら降伏する．

$$p = \frac{t}{R}\,\sigma_y$$

　つぎにミーゼスの降伏条件は

$$\left(0 - p\,\frac{R}{t}\right)^2 + \left(p\,\frac{R}{t} - p\,\frac{R}{2t}\right)^2 + \left(p\,\frac{R}{2t} - 0\right)^2 = 2\sigma_y^2$$

より，内圧が次式のようになったら降伏する．

$$p = \frac{2}{\sqrt{3}}\,\frac{t}{R}\sigma_y \approx 1.154\,\frac{t}{R}\,\sigma_y$$

よって，トレスカの降伏条件により推測された限界の圧力の 1.154 倍だけミーゼスの降伏条件によるそれのほうが高い．

5.4　薄肉球殻の壁面に生じる応力成分は，つぎのようになる．

$$\sigma_{rr} = 0, \qquad \sigma_{\theta\theta} = p\,\frac{R}{2t}, \qquad \sigma_{\varphi\varphi} = p\,\frac{R}{2t}$$

ここで，応力成分 σ_{rr} は薄肉球殻表面ではゼロ，内面では $-p$ となるが，他の成分に比べて小さいことからゼロとおいた．
　トレスカの降伏条件は

$$\sigma_{\theta\theta} - 0 = \sigma_y$$

より，内圧が次式のようになったら降伏する．

$$p = 2\frac{t}{R}\sigma_y$$

つぎにミーゼスの降伏条件は

$$\left(0 - p\frac{R}{2t}\right)^2 + \left(p\frac{R}{2t} - p\frac{R}{2t}\right)^2 + \left(p\frac{R}{2t} - 0\right)^2 = 2\sigma_y^2$$

より，内圧が次式のようになったら降伏する．

$$p = 2\frac{t}{R}\sigma_y$$

よって，トレスカの降伏条件により推測される降伏時の限界の圧力とミーゼスの降伏条件によるそれは等しいことがわかる．

第 6 章

6.1 略解．式 (4.37) と式 (4.41) から示すことができる．

6.2 式 (1.7) において，応力 σ とひずみ ε を相当応力 $\bar{\sigma}$ と相当ひずみ $\bar{\varepsilon}$ に置き換える．一方，比例係数は

$$\Delta\lambda = \frac{3}{2}\frac{\Delta\bar{\varepsilon}^p}{\bar{\sigma}}$$

であるから，これに式 (1.7) の第 2 式を代入すると，つぎのようになる．

$$\Delta\lambda = \frac{3}{2}\frac{\Delta\bar{\varepsilon}^p}{\sigma_y}$$

よって，構成式は次式となる．

$$\varepsilon_{ij}^T = \varepsilon_{ij}^e + \frac{3}{2}\frac{\Delta\bar{\varepsilon}^p}{\sigma_y}\sigma_{ij}'$$

6.3 式 (1.9) において，応力 σ とひずみ ε を相当応力 $\bar{\sigma}$ と相当ひずみ $\bar{\varepsilon}$ に置き換える．よって，

$$\frac{\Delta\bar{\sigma}}{\Delta\bar{\varepsilon}^p} = nH\varepsilon_p^{n-1}$$

となる．これに式 (1.9) の第 2 式を代入して整理すると，次式となる．

$$\frac{\Delta\bar{\sigma}}{\Delta\bar{\varepsilon}^p} = nH^{\frac{1}{n}}(\sigma - \sigma_y)^{1-\frac{1}{n}}$$

よって，構成式は次式となる．

$$\varepsilon_{ij}^T = \varepsilon_{ij}^e + \frac{3}{2}\frac{\Delta\bar{\sigma}}{nH^{\frac{1}{n}}(\sigma - \sigma_y)^{1-\frac{1}{n}}\bar{\sigma}}\sigma_{ij}'$$

ここで，ひずみ硬化指数 $n = 1$ とおくと，線形ひずみ硬化弾塑性体の結果に一致する．

第 7 章

7.1 薄肉円環の中心を原点とし，その面内に極座標系 (r, θ)，この面に垂直方向に x_3 軸をとる．すると，回転する薄肉円環に生じる応力成分は

$$\sigma_{rr} = 0, \qquad \sigma_{\theta\theta} = \rho R^2\omega^2, \qquad \sigma_{33} = 0 \tag{a7.1}$$

となる. ここで,

$$\sigma \equiv \rho R^2 \omega^2$$

とおく. このような応力状態にある薄肉円環での主応力 σ_1, σ_2, σ_3 はつぎのようになる.

$$\sigma_1 = \sigma, \qquad \sigma_2 = 0, \qquad \sigma_3 = 0 \tag{a7.2}$$

つぎに, 主応力の式 (a7.2) から静水圧 $p = (\sigma + 0 + 0)/3 = \sigma/3$ を差し引けば, 偏差応力 σ_1', σ_2', σ_3' はつぎのように得られる.

$$\sigma_1' = \sigma_1 - p = \sigma - \frac{1}{3}\sigma = \frac{2}{3}\sigma$$

$$\sigma_2' = \sigma_2 - p = \sigma - \frac{1}{3}\sigma = -\frac{1}{3}\sigma$$

$$\sigma_3' = \sigma_3 - p = 0 - \frac{1}{3}\sigma = -\frac{1}{3}\sigma$$

これらの偏差応力を式 (6.36) に代入すると, 相当応力は次式となる.

$$\overline{\sigma} = \sigma \tag{a7.3}$$

ミーゼスの降伏条件を仮定すると,

$$\overline{\sigma} = \sigma = \sigma_y$$

であるから, 比例係数は式 (a7.3) を式 (6.57) に代入することでつぎのように求められる.

$$\Delta\lambda = \frac{3}{2}\frac{\Delta\overline{\sigma}}{H\overline{\sigma}} = \frac{3}{2}\frac{\Delta\sigma}{H\sigma} \tag{a7.4}$$

以上の結果を利用して回転する薄肉円環に生じる周方向の全ひずみを求める. はじめに垂直応力 σ が応力 σ_y よりも小さい, すなわち弾性変形している場合について考える. 一般化されたフックの法則により,

$$\varepsilon_{\theta\theta}^e = \frac{1}{E}\left\{\sigma_{\theta\theta} - \nu(\sigma_{rr} + \sigma_{33})\right\} \tag{a7.5}$$

であるから, 式 (a7.5) に式 (a7.1) を代入すると,

$$\varepsilon_{\theta\theta}^e = \frac{1}{E}\sigma$$

となる. よって, つぎのようになる.

$$\varepsilon_{\theta\theta}^T = \frac{1}{E}\sigma \quad (0 \leq \sigma < \sigma_y)$$

垂直応力 σ を増加させて, その値が σ_y を超えると, 塑性ひずみが生じるようになる. 式 (6.34), (a7.4) により塑性ひずみ増分は

$$\Delta\varepsilon_{\theta\theta}^p = \sigma_{\theta\theta}'\Delta\lambda = \frac{3}{2}\frac{\Delta\sigma}{H\sigma}\sigma_{\theta\theta}' \tag{a7.6}$$

であり, 式 (a7.6) における偏差応力 $\sigma_{\theta\theta}'$ は

$$\sigma_{\theta\theta}' = \sigma_{\theta\theta} - p = \sigma - \frac{1}{3}\sigma = \frac{2}{3}\sigma$$

であるから, 式 (a7.6) はつぎのようになる.

$$\Delta\varepsilon_{\theta\theta}^p = \frac{\Delta\sigma}{H}$$

よって，薄肉円環に生じる半径方向の全ひずみはつぎのようになる．

$$\varepsilon_{\theta\theta}^T = \frac{1}{E}\sigma_y + \frac{\sigma - \sigma_y}{H} \quad (\sigma \geq \sigma_y)$$

7.2 周方向ひずみは図 a7.1 より，

$$\varepsilon_{\theta\theta} = \frac{2\pi(R+u) - 2\pi R}{2\pi R} = \frac{u}{R}$$

であるから，変位 u は

$$u = \varepsilon_{\theta\theta}R$$

により計算できる．よって，$0 \leq \sigma < (2/\sqrt{3})\,\sigma_y$ のとき，

$$u = \frac{1}{E}\left(1 - \frac{1}{2}\nu\right)\sigma R$$

また，$\sigma \geq (2/\sqrt{3})\,\sigma_y$ のとき，

$$u = \frac{2R}{\sqrt{3}\,E}\left(1 - \frac{1}{2}\nu\right)\sigma_y + \frac{3R}{4H}\left(\sigma - \frac{2}{\sqrt{3}}\sigma_y\right)$$

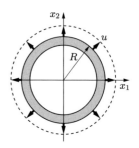

図 a7.1 内圧を受ける
薄肉円筒の断面

となる．ここで，$\sigma = (R/t)\,p$ とおいた．

7.3 略解のみ．$0 \leq \sigma < \sigma_y$ のとき，

$$u = \frac{1-\nu}{E}\sigma R$$

また，$\sigma \geq \sigma_y$ のとき，

$$u = \frac{1-\nu}{E}R\sigma_y + \frac{\sigma - \sigma_y}{2H}R$$

となる．ここで，$\sigma = (R/(2t))\,p$ とおいた．

7.4 略解のみ．$0 \leq \sigma < \sigma_y$ のとき，

$$u = \frac{1}{E}\sigma R$$

また，$\sigma \geq \sigma_y$ のとき，

$$u = \frac{R}{E}\sigma_y + \frac{\sigma - \sigma_y}{H}R$$

となる．ここで，$\sigma = \rho R^2\omega^2$ とおいた．

第8章

8.1 除荷過程においては弾性変形して回復するから，式 (8.57) を式 (8.34) に代入して

$$\sigma_{rr} = \sigma_y\left\{\ln\frac{c}{a} + \frac{1}{2}\left(1 - \frac{c^2}{b^2}\right)\right\}\frac{a^2}{b^2 - a^2}\left(1 - \frac{b^2}{r^2}\right)$$

$$\sigma_{\theta\theta} = \sigma_y\left\{\ln\frac{c}{a} + \frac{1}{2}\left(1 - \frac{c^2}{b^2}\right)\right\}\frac{a^2}{b^2 - a^2}\left(1 + \frac{b^2}{r^2}\right)$$

である．よって，この応力分布を弾塑性時の応力分布式 (8.55), (8.56) から上式を差し引けば残留
応力分布はつぎのように求められる．

$$\sigma_{rr}^p = \sigma_y \ln \frac{r}{a} - p - \frac{a^2 p}{b^2 - a^2} \left(1 - \frac{b^2}{r^2} \right)$$

$$\sigma_{\theta\theta}^p = \sigma_y \left(1 + \ln \frac{r}{a} \right) - p - \frac{a^2 p}{b^2 - a^2} \left(1 + \frac{b^2}{r^2} \right)$$

$$(a \leq r \leq c)$$

$$\sigma_{rr}^e = \left(\frac{1}{2} \frac{c^2}{b^2} \sigma_y - \frac{a^2 p}{b^2 - a^2} \right) \left(1 - \frac{b^2}{r^2} \right)$$

$$\sigma_{\theta\theta}^e = \left(\frac{1}{2} \frac{c^2}{b^2} \sigma_y - \frac{a^2 p}{b^2 - a^2} \right) \left(1 + \frac{b^2}{r^2} \right)$$

$$(c \leq r \leq b)$$

8.2 回転円板の内面で降伏が開始するときの角速度 ω_c は

$$\omega_c = \frac{2}{b} \sqrt{\frac{\sigma_y}{\rho \left\{ (3 + \nu) + (1 - \nu)(a/b)^2 \right\}}}$$

となり，回転円板が塑性崩壊するときの角速度 ω_U は，つぎのようになる．

$$\omega_U = \frac{1}{b} \sqrt{\frac{3\sigma_y}{\rho \left\{ 1 + (a/b) + (a/b)^2 \right\}}}$$

8.3 円板下面の中心部から降伏が始まるときの圧力 p_c は，つぎのようになる．

$$p_c = \frac{8h^2}{3(1 + \nu)b^2} \sigma_y$$

8.4 丸棒表面がはじめに降伏するときのねじりモーメント T_c は，つぎのようになる．

$$T_c = \frac{1}{2} \pi b^3 m \sigma_y \left\{ 1 - \left(\frac{a}{b} \right)^4 \right\}$$

丸棒断面が全面塑性域，すなわち塑性崩壊するときのねじりモーメント T_U は，つぎのようになる．

$$T_U = \frac{2}{3} \pi b^3 m \sigma_y \left\{ 1 - \left(\frac{a}{b} \right)^3 \right\}$$

第 9 章

9.1 省略．問題文に示した解を利用して自ら確認してみてほしい．

9.2 塑性ひずみ増分は，第 6 章で示しているように，

$$\Delta \varepsilon_{ij}^p = \sigma_{ij}' \Delta \lambda$$

で表される．応力と塑性ひずみの比が一定のまま応力が比例的に増加するような問題に対しては，

$$\varepsilon_{ij}^p = \sigma_{ij}' \lambda$$

のように仮定してもよい．すると，全ひずみ成分

$$\varepsilon_{ij}^T = \varepsilon_{ij}^e + \sigma_{ij}' \lambda$$

となり，これは**ヘンキーの構成式**（Hencky's constitutive equation）とよばれる．内圧を受ける厚内球殻問題は球対称問題であるから，応力成分は σ_{rr}，$\sigma_{\theta\theta} = \sigma_{\varphi\varphi}$ である．よって，一般化されたフックの法則から弾性ひずみ成分は，

$$\varepsilon_{rr}^e = \frac{1}{E} (\sigma_{rr} - 2\nu\sigma_{\theta\theta}), \qquad \varepsilon_{\theta\theta}^e = \frac{1}{E} \left\{ (1 - \nu)\sigma_{\theta\theta} - \nu\sigma_{rr} \right\}$$

となる．これにより全ひずみ成分は，つぎのようになる．

$$\varepsilon_{rr} = \frac{1}{E}\left(\sigma_{rr} - 2\nu\sigma_{\theta\theta}\right) + \frac{2}{3}\left(\sigma_{rr} - \sigma_{\theta\theta}\right)\lambda$$

$$\varepsilon_{\theta\theta} = \frac{1}{E}\left\{(1-\nu)\sigma_{\theta\theta} - \nu\sigma_{rr}\right\} - \frac{1}{3}\left(\sigma_{rr} - \sigma_{\theta\theta}\right)\lambda$$

ここで，全ひずみ成分の上添字は省略した．これらの式に式 (9.34) を代入して次式となる．

$$\varepsilon_{rr} = \frac{2\sigma_y}{3E}\left\{3(1-2\nu)\ln\frac{r}{c} - (1+\nu)\right\} - \frac{2}{3}\sigma_y\lambda \tag{a9.1}$$

$$\varepsilon_{\theta\theta} = \frac{2\sigma_y}{3E}\left\{3(1-2\nu)\ln\frac{r}{c} + \frac{1}{2}(1+\nu)\right\} + \frac{1}{3}\sigma_y\lambda \tag{a9.2}$$

一方，ひずみ成分式 (8.2) から，ひずみの適合条件は

$$\varepsilon_{rr} = \frac{d}{dr}\left(r\varepsilon_{\theta\theta}\right)$$

であり，これに式 (a9.1) と式 (a9.2) を代入して整理すると，

$$r\frac{d\lambda}{dr} + 3\lambda = -\frac{9}{E}\left(1-\nu\right)$$

となる．この微分方程式の一般解は

$$\lambda = \frac{C_1}{r^3} - 3\frac{1-\nu}{E}$$

となる．ここで，λ は塑性域で成り立つことから，弾塑性境界上ではゼロである．このことから，境界条件として $r = c$ にて $\lambda = 0$ でなければならない．よって，

$$C_1 = 3\frac{1-\nu}{E}c^3$$

となり，比例係数は

$$\lambda = 3\frac{1-\nu}{E}\left(\frac{c^3}{r^3} - 1\right)$$

となる．これを式 (a9.2) に代入し，$u = r\varepsilon_{\theta\theta}$ より，つぎのように求められる．

$$u = \frac{r\sigma_y}{E}\left\{2(1-2\nu)\left(\ln\frac{r}{c} - \frac{1}{3}\right) + (1-\nu)\frac{c^3}{r^3}\right\}$$

第 10 章

10.1 7.4 節において求められた応力成分

$$\sigma_{\theta\theta} = \sigma, \qquad \sigma_{33} = \frac{1}{2}\sigma, \qquad \sigma_{rr} = 0$$

から静水圧は

$$p = \frac{1}{2}\sigma$$

となる．ここで，$\sigma = Rp/t$ である．よって，相当応力は

$$\overline{\sigma} = \frac{\sqrt{3}}{2}\sigma$$

であり，偏差応力成分はつぎのようになる．

$$\sigma'_{\theta\theta} = \sigma_{\theta\theta} - p = \frac{1}{2}\sigma, \qquad \sigma'_{rr} = \sigma_{rr} - p = -\frac{1}{2}\sigma, \qquad \sigma'_{33} = \sigma_{33} - p = 0$$

これらをノートン則の式 (10.37) に代入して整理すると，

$$\dot{\varepsilon}^c_{\theta\theta} = 3^{\frac{n+1}{2}} \frac{k}{2} \left(\frac{\sigma}{2}\right)^n, \qquad \dot{\varepsilon}^c_{rr} = -3^{\frac{n+1}{2}} \frac{k}{2} \left(\frac{\sigma}{2}\right)^n, \qquad \dot{\varepsilon}^c_{33} = 0$$

を得る．よって，半径方向への変位速度

$$\dot{u} = R\dot{\varepsilon}^c_{\theta\theta}$$

からつぎのようになる．

$$\dot{u} = \frac{1}{2} kR3^{\frac{n+1}{2}} \left(\frac{\sigma}{2}\right)^n = \frac{1}{2} kR3^{\frac{n+1}{2}} \left(\frac{Rp}{2t}\right)^n$$

10.2 7.5 節において求められた応力成分

$$\sigma_{\theta\theta} = \sigma_{\varphi\varphi} = \sigma, \qquad \sigma_{rr} = 0$$

から静水圧は

$$p = \frac{2}{3} \sigma$$

となる．ここで，$\sigma = Rp/(2t)$ である．よって，相当応力は

$$\overline{\sigma} = \sigma$$

であり，偏差応力成分はつぎのようになる．

$$\sigma'_{\theta\theta} = \sigma_{\theta\theta} - p = \frac{1}{3} \sigma, \qquad \sigma'_{rr} = \sigma_{rr} - p = -\frac{2}{3} \sigma$$

これらをノートン則の式 (10.37) に代入して整理すると，

$$\dot{\varepsilon}^c_{\theta\theta} = \frac{k}{2} \sigma^n, \qquad \dot{\varepsilon}^c_{rr} = -k\sigma^n$$

を得る．よって，半径方向への変位速度

$$\dot{u} = R\dot{\varepsilon}^c_{\theta\theta}$$

からつぎのようになる．

$$\dot{u} = \frac{1}{2} kR\sigma^n = \frac{1}{2} kR \left(\frac{Rp}{2t}\right)^n$$

10.3 厚肉円筒における内面でもっとも応力が高いことから，ここでき裂が発生してクリープ寿命に至るものと予想される．よって，式 (10.69) に $r = a$ を代入し，この応力成分を式 (10.65) に代入することで周方向の定常クリープ速度 $\dot{\varepsilon}^c_{\theta\theta}$ が求められる．これを式 (10.92) に代入すると，つぎのようになる．

$$t_f = \frac{C}{k} \left(\frac{2}{\sqrt{3}}\right)^{n+1} \left[\frac{n}{2p} \left\{1 - \left(\frac{a}{b}\right)^{\frac{2}{n}}\right\}\right]^n$$

10.4 厚肉球殻における内面でもっとも応力が高いことから，ここでき裂が発生してクリープ寿命に至るものと予想される．演習問題 10.3 と同様の手順でクリープ寿命を求めると，つぎのようになる．

$$t_f = \frac{2C}{k} \left[\frac{2n}{3p} \left\{1 - \left(\frac{a}{b}\right)^{\frac{3}{n}}\right\}\right]^n$$

第 11 章

11.1　式 (11.98) に対して

$$\boldsymbol{d}_1^1 = \left\{ \begin{array}{c} 0 \\ 0 \end{array} \right\}, \qquad \boldsymbol{d}_2 = \left\{ \begin{array}{c} u_1^2 \\ 0 \end{array} \right\}, \qquad \boldsymbol{d}_3 = \left\{ \begin{array}{c} 0 \\ u_2^3 \end{array} \right\}, \qquad \boldsymbol{d}_4^2 = \left\{ \begin{array}{c} u_1^4 \\ u_2^4 \end{array} \right\}$$

$$\boldsymbol{f}_1^1 = \left\{ \begin{array}{c} f_1^1 \\ f_2^1 \end{array} \right\}, \qquad \boldsymbol{f}_2 = \left\{ \begin{array}{c} P_2 \\ f_2^2 \end{array} \right\}, \qquad \boldsymbol{f}_3 = \left\{ \begin{array}{c} f_1^3 \\ 0 \end{array} \right\}, \qquad \boldsymbol{f}_4^2 = \left\{ \begin{array}{c} P_1 \\ 0 \end{array} \right\}$$

となる．ここで，$u_1^2, u_2^3, u_1^4, u_2^4, f_1^1, f_2^1, f_2^2, f_1^3$ は節点変位と節点力に関する未知量である．未知量の数は 8 個あり，剛性方程式においては 8 個の連立方程式からなっているから，これらの未知量を求めることができる．

11.2　略解のみ．平面ひずみ状態に対する一般化されたフックの法則から求められる．

$$\boldsymbol{D}^e = \frac{E(1-\nu)}{(1+\nu)(1-2\nu)} \begin{bmatrix} 1 & \dfrac{\nu}{1-\nu} & 0 \\[2ex] \dfrac{\nu}{1-\nu} & 1 & 0 \\[2ex] 0 & 0 & \dfrac{1-2\nu}{2(1-\nu)} \end{bmatrix}$$

11.3　略解のみ．一般化されたフックの法則から求められる．

$$\boldsymbol{D}^e = \frac{E(1-\nu)}{(1+\nu)(1-2\nu)} \begin{bmatrix} 1 & \dfrac{\nu}{1-\nu} & \dfrac{\nu}{1-\nu} & 0 & 0 & 0 \\[2ex] \dfrac{\nu}{1-\nu} & 1 & \dfrac{\nu}{1-\nu} & 0 & 0 & 0 \\[2ex] \dfrac{\nu}{1-\nu} & \dfrac{\nu}{1-\nu} & 1 & 0 & 0 & 0 \\[2ex] 0 & 0 & 0 & \dfrac{1-2\nu}{2(1-\nu)} & 0 & 0 \\[2ex] 0 & 0 & 0 & 0 & \dfrac{1-2\nu}{2(1-\nu)} & 0 \\[2ex] 0 & 0 & 0 & 0 & 0 & \dfrac{1-2\nu}{2(1-\nu)} \end{bmatrix}$$

第 12 章

12.1　式 (12.25) を求めたときと同様の手順で計算すると，

$$\boldsymbol{D}^p = \frac{1}{S} \begin{bmatrix} \sigma_{11}'^2 & \sigma_{11}'\sigma_{22}' & \sigma_{11}'\sigma_{33}' & \sigma_{11}'\sigma_{12} & \sigma_{11}'\sigma_{23} & \sigma_{11}'\sigma_{31} \\ \sigma_{22}'\sigma_{11}' & \sigma_{22}'^2 & \sigma_{22}'\sigma_{33}' & \sigma_{22}'\sigma_{12} & \sigma_{22}'\sigma_{23} & \sigma_{22}'\sigma_{31} \\ \sigma_{33}'\sigma_{11}' & \sigma_{33}'\sigma_{22}' & \sigma_{33}'^2 & \sigma_{33}'\sigma_{12} & \sigma_{33}'\sigma_{23} & \sigma_{33}'\sigma_{31} \\ \sigma_{12}\sigma_{11}' & \sigma_{12}\sigma_{22}' & \sigma_{12}\sigma_{33}' & \sigma_{12}^2 & \sigma_{12}\sigma_{23} & \sigma_{12}\sigma_{31} \\ \sigma_{23}\sigma_{11}' & \sigma_{23}\sigma_{22}' & \sigma_{23}\sigma_{33}' & \sigma_{23}\sigma_{12} & \sigma_{23}^2 & \sigma_{23}\sigma_{31} \\ \sigma_{31}\sigma_{11}' & \sigma_{31}\sigma_{22}' & \sigma_{31}\sigma_{33}' & \sigma_{31}\sigma_{12} & \sigma_{31}\sigma_{23} & \sigma_{31}^2 \end{bmatrix} \tag{a12.1}$$

となる．ここで，式 (a12.1) の S はつぎのように表される．

$$S = \frac{\overline{\sigma}^2 H}{9G^2} + \frac{\overline{\sigma}^2}{3G}$$

12.2　式 (a12.1) において $(\sigma_{33}\ \varepsilon_{33})$，$(\sigma_{23}\ \gamma_{23})$，$(\sigma_{31}\ \gamma_{13})$ に対応する行および列成分を除くことにより得られる．すなわち，

$$\boldsymbol{D}^p = \frac{1}{S} \begin{bmatrix} \sigma_{11}'^2 & \sigma_{11}'\sigma_{22}' & \sigma_{11}'\sigma_{12} \\ \sigma_{11}'\sigma_{22}' & \sigma_{22}'^2 & \sigma_{22}'\sigma_{12} \\ \sigma_{11}'\sigma_{12} & \sigma_{22}'\sigma_{12} & \sigma_{12}^2 \end{bmatrix}$$

となる．ここで，S と $\overline{\sigma}$ はつぎのように表される．

$$S = \frac{\overline{\sigma}^2 H}{9G^2} + \frac{\overline{\sigma}^2}{3G}$$

$$\overline{\sigma} = \sqrt{\frac{3}{2}(\sigma_{11}'^2 + \sigma_{22}'^2 + \sigma_{33}'^2 + 2\sigma_{12}^2)}$$

なお，相当塑性ひずみ増分は式 (12.27) と同一である．

12.3 降伏関数 f は，つぎのようにおくことで等方硬化則と移動硬化則を同時に考慮する．

$$f = f(\sigma_{ij} - \alpha_{ij}, \varepsilon_{ij}^p)$$

これまでに用いたのと同様の記号に合わせて式 (12.5) をつぎのように置き換える．

$$f = f(\boldsymbol{\sigma} - \boldsymbol{\alpha}, \boldsymbol{\varepsilon}^p)$$

ここで，

$$\boldsymbol{\alpha}^{\mathsf{T}} = \{\alpha_{11}, \alpha_{22}, \alpha_{33}, \ldots\}$$

である．塑性変形が進行している状態において降伏関数の変化は

$$\Delta f = \left(\frac{\partial f}{\partial \boldsymbol{\sigma}}\right)^{\mathsf{T}} \Delta\boldsymbol{\sigma} - \left(\frac{\partial f}{\partial \boldsymbol{\alpha}}\right)^{\mathsf{T}} \Delta\boldsymbol{\alpha} + \left(\frac{\partial f}{\partial \boldsymbol{\varepsilon}^p}\right)^{\mathsf{T}} \Delta\boldsymbol{\varepsilon}^p = 0 \tag{a12.2}$$

である．ここで，

$$\left(\frac{\partial f}{\partial \boldsymbol{\alpha}}\right)^{\mathsf{T}} = \left\{\frac{\partial f}{\partial \alpha_{11}}, \frac{\partial f}{\partial \alpha_{22}}, \cdots\right\}$$

である．

式 (12.8)，(12.14) を式 (a12.2) に代入して比例係数について求めると，

$$\Delta\lambda = \frac{\left(\dfrac{\partial f}{\partial \boldsymbol{\sigma}}\right)^{\mathsf{T}} \boldsymbol{D}^e \Delta\boldsymbol{\varepsilon} - \left(\dfrac{\partial f}{\partial \boldsymbol{\alpha}}\right)^{\mathsf{T}} \Delta\boldsymbol{\alpha}}{-\left(\dfrac{\partial f}{\partial \boldsymbol{\varepsilon}^p}\right)^{\mathsf{T}} \dfrac{\partial f}{\partial \boldsymbol{\sigma}} + \left(\dfrac{\partial f}{\partial \boldsymbol{\sigma}}\right)^{\mathsf{T}} \boldsymbol{D}^e \dfrac{\partial f}{\partial \boldsymbol{\sigma}}}$$

となる．

参考文献

[1] R. Hill, "The Mathematical Theory of Plasticity", Oxford University Press, 1998.

[2] S. H. Crandall, N. C. Dahl and T. J. Lardner, "An Introduction to The Mechanics and Solids", McGraw-Hill Kogakusha, Ltd., 1978.

[3] L. A. Galin, "The plane elastic-plastic problem", Prikl. Matematika I Mekhanika, Vol.10, No.3, 1946, pp.367–386.

[4] B. D. Annin and G. P. Cherepanov, "Elastic-plastic problem", ASME Press Translations, 1988.

[5] 益田森治, 室田忠雄, 「工業塑性力学」, 養賢堂, 1980.

[6] 工藤英明, 「塑性学」, 森北出版, 2011.

[7] 竹山寿夫, 「初等塑性力学」, 丸善出版, 1969.

[8] 石川博将, 「弾性と塑性の力学」, 養賢堂, 1999.

[9] 野田直剛, 中村保, 「基礎塑性力学」, 日新出版, 2000.

[10] Y. C. ファン [著], 大橋義夫, 村上澄男, 神谷紀生 [訳], 「固体の力学/理論」, 培風館, 1970.

[11] J. Lemaitre, "A Course on Damage Mechanics", Springer, 1996.

[12] J. フルト [著], 村上澄男 [訳], 「構造物のクリープ」, 培風館, 1973.

[13] 矢川元基, 宮崎則幸, 「有限要素法による熱応力・クリープ・熱伝導解析」, サイエンス社, 1991.

[14] 三好俊郎, 白鳥正樹, 座古勝, 坂田信二, 「有限要素法─構造要素の変形・破壊挙動の解析─」, 実教出版, 1978.

[15] 鷲津久一郎, 宮本博, 山田嘉昭, 山本善之, 川井忠彦, 「有限要素法ハンドブック I, II」, 培風館, 1981.

[16] 荒井正行, 「基礎から学ぶ弾性力学」, 森北出版, 2019.

索　引

著 者 略 歴

荒井　正行（あらい・まさゆき）
　1967 年　東京に生まれる
　1992 年　東京工業大学大学院理工学研究科生産機械工学専攻修士課程修了
　1992 年　財団法人電力中央研究所入所
　1998 年　博士（工学）東京工業大学より授与
　1998〜1999 年　米国 Southwest Research Institute, Dept. of Applied
　　　　　　Physics, 客員研究員
　2010 年　一般財団法人電力中央研究所材料科学研究所上席研究員
　2013 年　東京理科大学工学部第一部機械工学科教授
　2016 年　東京理科大学工学部機械工学科教授
　　　　　現在に至る

著　　書：「理工系の基礎 機械工学」（丸善出版, 2015），「基礎から学ぶ
　　　　　弾性力学」（森北出版, 2019），「もう解き方で迷わない　ステッ
　　　　　プ解法で学ぶ材料力学」（技術評論社, 2022）

専門分野：材料力学, 弾性力学, 塑性力学, 破壊力学, 損傷力学, 界面力学,
　　　　　損傷評価, 表面工学など.

日本機械学会フェロー, 日本機械学会論文賞受賞（1 回）, 日本材料学会技
術賞（3 回）, 学術論文多数.

編集担当　加藤義之(森北出版)
編集責任　富井　晃(森北出版)
組　　版　ブレイン
印　　刷　エーヴィスシステムズ
製　　本　協栄製本

基礎から学ぶ弾塑性力学　　　　　　　　　　　　ⓒ 荒井正行　2022

2022 年 5 月 11 日　第 1 版第 1 刷発行　　【本書の無断転載を禁ず】

著　者　荒井正行
発 行 者　森北博巳
発 行 所　森北出版株式会社
　　　　　東京都千代田区富士見 1-4-11（〒102-0071）
　　　　　電話 03-3265-8341／FAX 03-3264-8709
　　　　　https://www.morikita.co.jp/
　　　　　日本書籍出版協会・自然科学書協会　会員
　　　　　JCOPY ＜（一社）出版者著作権管理機構 委託出版物＞

落丁・乱丁本はお取替えいたします.

Printed in Japan／ISBN978-4-627-65071-8